逐条解説 森林経営管理法

Forest Management

森林経営管理法研究会

大成出版社

刊行にあたって

我が国の森林は、戦後や高度経済成長期に植栽されたスギやヒノキなどの人工林が大きく育ち、木材として利用可能な時期を迎えようとしています。国内で生産される木材も増加し、木材の需要量の増大が図られる中、木材自給率も上昇を続け、国内の森林資源は、「伐って、使って、植える」という森林を循環的に利用していく新たな時代に入っております。

一方、我が国の森林の所有構造は小規模・分散的という課題が解決されないまま、長期的な林業の低迷や森林所有者の世代交代等により多くの森林所有者が林業経営への意欲を持てずにおり、森林の管理・手入れが適切に行われない、伐採した後に植林がされないという事態が発生しています。

このような中、適切な経営管理が行われていない森林について、市町村が森林所有者から経営管理の委託を受け、林業経営に適した森林については意欲と能力のある林業経営者に再委託するとともに、林業経営に適さない森林については市町村が公的に管理することで、森林の経営管理を確保し、林業の成長産業化と森林の適切な管理の両立を図るため、平成三十年五月に森林経営管理法が制定されました。

具体的には、森林所有者に対して適切な経営管理を促すため、その責務を明確化するとともに、経営管理が行われていない森林について経営管理の確保を図るため、市町村が経営管理を行うために必要な権利を取得した上で、自ら経営管理を行い、又は意欲と能力のある林業経営者に委ねる等の措置を通じて、林業経営の効率化及び森林の管理の適正化の一体的な促進を図り、もって林業の持続的発展及び森林の多面的機能の発揮に資することとしています。

本書は、法律の制定背景や制定経緯、条文ごとの背景や概要を詳細に解説した待望の書です。本書が森林・林業に関心を有する方々に広く利用されることにより、森林政策についての理解を深めることとなり、森林・林業の再生の一助となれば欣快の至りです。

令和二年四月

林野庁長官　**本郷浩二**

逐条解説　森林経営管理法　目次

総説

一　総　説

第一章　法制定の背景と経緯

一　法制定の背景

(一)　森林・林業をめぐる現状

我が国の人工林は、その約半数が主伐期を迎えつつある（図1）。この森林資源を「伐って、使って、植える」という形で循環利用していくことで、林業の成長産業化と森林資源の適切な管理を両立し、先人の築いた貴重な資産を継承・発展させることが、これからの森林・林業政策の主要な課題となっている。

しかしながら、我が国の森林は小規模零細かつ分散的な所有構造にあるため（図2）、林業生産性が低く、また、長年続く立木価格の低迷等により、多くの森林所有者は、自力で林業経営又は森林管理を成り立たせられる見通しを持てていない。この結果、

① 林業政策の面からは、生産効率が高く収益性、持続性の高い効率的かつ安定的な林業経営者の育成がなされず、林業の成長産業化への道筋がつけられないこと

② 森林政策の面からは、管理されない森林が増加することにより、森林の公益的機能の発揮に支障が生ずるおそれがあること

となっている。

一方で、林業経営者においては、その収益性を向上させるため、経営規模を拡大したいとの意向を有する者が多いが、事業地確保が困難と考える者が多い。これは、

図１　人工林の齢級別面積

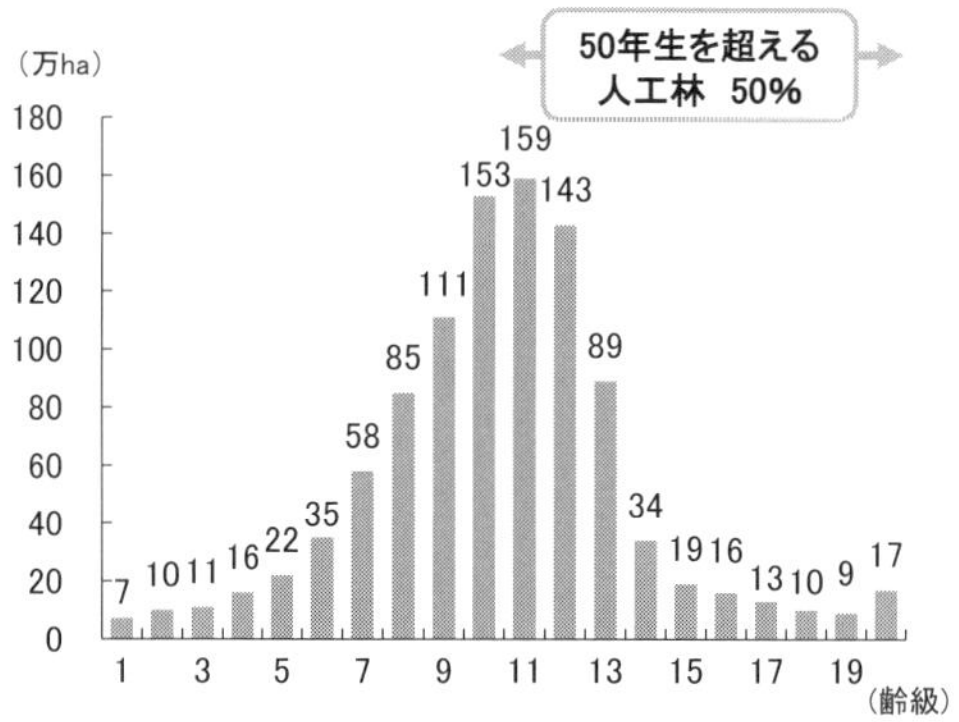

資料：林野庁「森林資源の現況」（平成29年３月31日現在）
注１：齢級（人工林）は、林齢を５年の幅でくくった単位。苗木を植栽した年を１年生として、１～５年生を「１齢級」と数える。
注２：森林法第５条及び第７条の２に基づく森林計画の対象となる森林の面積。

図２　林家の保有山林面積

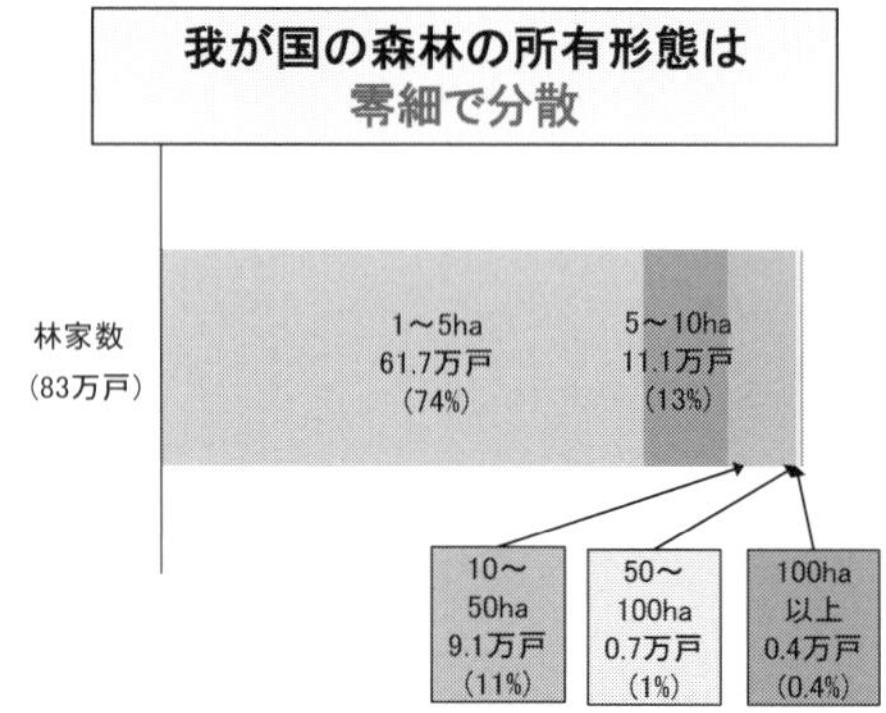

資料：農林水産省「2015年農林業センサス」
注：林家とは保有森林面積が１ha 以上の者。

① 森林所有者に関する情報が少ないため、委託を希望している森林所有者を見つけることが困難であること
② 個々の森林所有者の所有規模は小規模零細であり、また、森林所有者が委託を希望する森林には様々な条件の森林が含まれることから、これらを取りまとめる労力が課題となって、積極的な受託に踏み切れないこと

等に起因するものと考えられる。

また、近年、各地において、相続されても登記がなされていないこと等による所有者不明土地が増加しており、これによる経済的な損失が深刻な問題となりつつあるところである。森林についても、その例外ではなく、森林が宅地と比べて一般的に土地としての資産価値が低いこと、森林所有者の不在村化や相続による世代交代等により、森林所有者の全部又は一部が不明である森林が発生しており（表1）、経営規模の拡大、路網整備、境界の明確化等の林業経営の集約化や効率化を図る上での阻害要因となっている。

表1　地籍調査での登記簿上の所有者不明土地割合

宅地	農用地	林地	合計
19.3%	19.0%	28.2%	22.2%

資料：国土交通省（平成29年度地籍調査における土地所有者等に関する調査）

注：ここでの「所有者不明」としては、登記簿上の登記名義人（土地所有者）の登記簿上の住所に、調査実施者から現地調査の通知を郵送し、この方法により通知が到達しなかった場合を計上。

㈡　法制定の必要性

こうした現状を踏まえれば、まずは森林所有者自身が、その所有する森林について適切な林業経営又は森林管理を行うべきことを基本としつつも、現実にはこれが困難な実態にあり、かつ、林業経営の規模を拡大したいという林業経営者も存在することから、

① 森林所有者の情報をよく把握しており、かつ信頼できる主体が、
② 森林所有者から集積が必要な森林を引き受け、こうした森林を取りまとめ、
③ 特に林業経営の成り立つ見込みのある森林については、立木の伐採及び販売を合理的かつ適切に行い、自らの林業経営と森林所有者への収益の還元を確保し、かつ、適切な再造林及び保育にも取り組むことができる意欲と能力のある林

業経営者に林業経営を委託し、

④　林業経営の成り立つ見込みのない森林については、自ら林業経営又は森林管理することが必要であり、このような役割を果たせる者としては、最も身近な行政主体であり、かつ、森林法（昭和二六年法律第二四九号）に規定する市町村森林整備計画の作成のほか、林地台帳の整備、伐採及び伐採後の造林の届出の受理等の役割を果たし、地域の森林や森林所有者について詳細な情報を把握している市町村が、最も適切である。

以上のことから、森林経営管理法（平成三〇年法律第三五号。以下「法」という。）において、市町村が森林所有者から立木の伐採等について権利を取得し、これを意欲と能力のある林業経営者に設定し、又は自ら当該森林を林業経営若しくは森林管理する仕組みが措置された。

また、今般、前述のような制度を構築するに当たり、森林所有者が不明な森林についても、円滑に市町村が権利を取得し、林業経営若しくは森林管理することを可能とする必要があることから、この仕組みについても、本法の中で併せて措置された。

二　制定経緯

法律案は、平成三〇年三月六日に閣議決定され、同日、第一九六回通常国会に提出された。

三月二九日、衆議院本会議において趣旨説明及び質疑が行われた後、農林水産委員会に付託された。四月五日、衆議院農林水産委員会において提案理由説明が行われた後、四月一一日に質疑、四月一二日に参考人質疑、四月一七日に質疑採決、四月一九日に衆議院本会議において可決された。

その後、五月一六日、参議院本会議において趣旨説明及び質疑がなされた後、農林水産委員会に付託された。五月一七日、参議院農林水産委員会で提案理由説明が行われた後、五月二二日に質疑、同日に参考人質疑、五月二四日に質疑採決、五月二五日に参議院本会議で可決、成立した。なお、衆議院及び参議院の農林水産委員会において、附帯決議が付されている。

（参考資料）

○森林経営管理法案に対する附帯決議

（平成三十年四月十七日
衆議院農林水産委員会）

我が国の林業は、木材価格の低迷、森林所有者の世代交代等により、森林所有者の経営意欲の低下や所有者不明森林が増加するなど、依然として厳しい状況にある。このような中、持続可能な森林経営に向けて、森林の管理の適正化及び林業経営の効率化の一体的な促進を図ることは、森林の有する多面的機能の発揮及び林業・山村の振興の観点から極めて重要である。また、森林吸収源対策に係る地方財源確保のため、平成三十一年度税制改正において創設するとされている森林環境税（仮称）及び森林環境譲与税（仮称）については、創設の趣旨に照らし、その使途を適正かつ明確にする必要がある。

よって政府は、本法の施行に当たり、左記事項の実現に万全を期すべきである。

記

一　本法を市町村が運用するに当たって、「森林の多面的機能の発揮」「公益的機能の発揮」「生物多様性の保全」について、十分に配慮するよう助言等の支援を行うこと。

二　経営管理権及び経営管理実施権の設定等を内容とする新たな森林管理システムが現場に浸透し、林業の効率化及び森林管理の適正化の一体的な促進が円滑に進むよう、都道府県及び市町村と協力して、不在村森林所有者を含む森林所有者、森林組合、民間事業者など、地域の森林・林業関係者に本法の仕組みの周知を徹底すること。また、経営管理実施権の設定に当たっては、市町村が地域の実情に応じた運用ができるものとすること。

三　市町村が区域内の森林の経営管理を行うに当たっては、その推進の在り方について広く地域住民の意見が反映されるよう助言等の支援を行うこと。

四　経営管理実施権を設定した林業経営者に対して、市町村が指導監督体制の確立に努めるよう助言等の支援を行うこと。さらに、国は、民間事業者の健全な育成を図るため、森林に関する高度の知識、技術、経営に関する研修計画を企画し、実施すること。経営管理実施権の設定に当たっては、生産性（生産量）の基準だけでなく、作業の質、持続性、定着性などの評価基準も重視すること。

五　森林の育成には、林業労働力の確保・育成は不可欠であり、林業就業者の所得の向上、労働安全対策をはじめとする就業条件改善に向けた対策の強化を図ること。

六　所有者不明森林の発生を防ぐため、相続等による権利取得に際しての森林法第十条の七の二の届出義務の周知を図るとともに、相続登記等の重要性について啓発を図ること。また、所有者不明森林に係る問題の抜本的解決に向けて、登記制度及び土地所有の在り方、行政機関相互での土地所有者に関する情報の共有の仕組み等について早期に検討を進め、必要な措置を講じること。

七　経営管理権集積計画の策定に当たり、まず前提となる森林法の趣旨にのっとった、林地台帳の整備、森林境界の明確化等に必要な取組に対する支援を一層強化すること。

八　市町村が、市町村森林整備計画と調和が保たれた経営管理権集積計画の作成等の新たな業務を円滑に実施することができるよう、フォレスター等の市町村の林業部門担当職員の確保・育成を図る仕組みを確立するとともに、林業技術者等の活用の充実、必要な支援及び体制整備を図ること。

九　市町村が、「確知所有者不同意森林」制度を運用するに当たって、森林所有者の意向等を的確に把握し、同意を取り付けるため十分な努力を行うよう助言等の支援を行うこと。

十　「災害等防止措置命令」制度の運用に資するよう、国は、災害等の防止と森林管理の関係についての科学的知見の蓄積に努めること。

十一　路網は、木材を安定的に供給し、森林の有する多面的機能を持続的に発揮していくために必要な造林、保育、間伐等の施業を効率的に行うために不可欠な生産基盤であることから、路網整備に対する支援を一層強化すること。なお、路網整備の方法によっては土砂災害を誘発する場合もあることから、特段の配慮をすること。

十二　森林資源の循環利用を図るため、新たな木材需要を創出するとともに、これらの需要に対応した川上から川下までの安定的、効率的な供給体制を構築すること。また、森林管理の推進に向けて、その大きな支障の一つである鳥獣被害に係る対策を含め、主伐後の植栽による再造林、保育を確実に実施する民間事業者が選定されるよう支援するとともに、他の制度との連携・強化を図ること。

十三　自伐林家や所有者から長期的に施業を任されている自伐型林業者等は、地域林業の活性化や山村振興を図る上で極めて重要な主体の一つであることから、自伐林家等が実施する森林管理や森林資源の利用の取組等に対し、更なる支援を行うこと。

十四　地球温暖化防止のための森林吸収源対策に係る地方財源の確保のため創設するとされている森林環境税（仮称）及び森林環境譲与税（仮称）については、その趣旨に沿って、これまでの森林施策では対応できなかった森林整備等に資するものとすること。

右決議する。

○森林経営管理法案に対する附帯決議

（平成三十年五月二十四日）
（参議院農林水産委員会）

我が国の林業は、木材価格の低迷、森林所有者の世代交代等により、森林所有者の経営意欲の低下や所有者不明森林が増加するなど、依然として厳しい状況にある。このような中、持続可能な森林経営に向けて、森林の管理の適正化及び林業経営の効率化の一体的な促進を図ることは、森林の有する多面的機能の発揮及び林業・山村の振興の観点から極めて重要である。また、森林吸収源対策に係る地方財源確保のため、平成三十一年度税制改正において創設するとされている森林環境税（仮称）及び森林環境譲与税（仮称）については、創設の趣旨に照らし、その使途を適正かつ明確にする必要がある。

よって政府は、本法の施行に当たり、次の事項の実現に万全を期すべきである。

一　本法を市町村が運用するに当たって、「森林の多面的機能の発揮」「公益的機能の発揮」「人工林から自然林への誘導」「生物多様性の保全」について、十分に配慮するよう助言等の支援を行うこと。
二　経営管理権及び経営管理実施権の設定等を内容とする新たな森林管理システムが現場に浸透し、林業の効率化及び森林管理の適正化の一体的な促進が円滑に進むよう、都道府県及び市町村と協力して、不在村森林所有者を含む森林所有者、森林組合、民間事業者など、地域の森林・林業関係者に本法の仕組みの周知を徹底すること。また、経営管理実施権の設定に当たっては、超長期的な多間伐施業を排除することなく、市町村が地域の実情に応じた運用ができるものとすること。
三　市町村が区域内の森林の経営管理を行うに当たっては、その推進の在り方について広く地域住民の意見が反映されるよう助言等の支援を行うこと。
四　経営管理実施権を設定した林業経営者に対して、市町村が指導監督体制の確立に努めるよう助言等の支援を行うこと。さらに、国は、民間事業者の健全な育成を図るため、森林に関する高度の知識、技術、経営に関する研修計画を企画し、実施すること。経営管理実施権の設定に当たっては、生産性（生産量）の基準だけでなく、作業の質、持続性、定着性、地域経済への貢献、労働安全などの評価基準も重視すること。
五　森林の育成には、林業労働力の確保・育成は不可欠であり、小規模事業体の経営者や従業員を含む林業就業者の所得の向上、労働安全対策をはじめとする就業条件改善に向けた対策の強化を図ること。
六　所有者不明森林の発生を防ぐため、相続等による権利取得に際しての森林法第十条の七の二の届出義務の周知を図るとともに、相続登記等の重要性について啓発を図ること。また、所有者不明森林に係る問題の抜本的解決に向けて、登記制度及び土地所有の在り方、行政機関相互での土地所有者に関する情報の共有の仕組み等について早期に検討を進め、必要な措置を講じること。
七　経営管理権集積計画の策定に当たり、まず前提となる森林法の趣旨にのっとった、林地台帳の整備、森林境界の明確化等に必要な取組に対する支援を一層強化すること。
八　市町村が、市町村森林整備計画と調和が保たれた経営管理権集積計画の作成等の新たな業務を円滑に実施することができるよう、フォレスター等の市町村の林業部門担当職員の確保・育成を図る仕組みを確立するとともに、林業技術者等の活用の充実、必要な支援及び体制整備を図ること。

九　市町村が、「確知所有者不同意森林」制度を運用するに当たって、森林所有者の意向等を的確に把握し、同意を取り付けるため十分な努力を行うよう助言等の支援を行うこと。

十　「災害等防止措置命令」制度の運用に資するよう、国は、災害等の防止と森林管理の関係についての科学的知見の蓄積に努めること。

十一　路網は、木材を安定的に供給し、森林の有する多面的機能を持続的に発揮していくために必要な造林、保育、間伐等の施業を効率的に行うために不可欠な生産基盤であることから、路網整備に対する支援を一層強化すること。なお、路網整備の方法によっては土砂災害を誘発する場合もあることから、特段の配慮をすること。

十二　森林資源の循環利用を図るため、新たな木材需要を創出するとともに、これらの需要に対応した川上から川下までの安定的、効率的な供給体制を構築すること。また、適正な森林管理の推進に向けて、その大きな支障の一つである鳥獣被害に係る対策を含め、主伐後の植栽による再造林、保育を確実に実施する民間事業者が選定されるよう支援するとともに、森林法による伐採後の造林命令など他の制度との連携・強化を図ること。

十三　自伐林家や所有者から長期的に施業を任されている自伐型林業者等は、地域林業の活性化や山村振興を図る上で極めて重要な主体の一つであることから、自伐林家等が実施する森林管理や森林資源の利用の取組等に対し、更なる支援を行うこと。

十四　地球温暖化防止のための森林吸収源対策に係る地方財源の確保のため創設するとされている森林環境税（仮称）及び森林環境譲与税（仮称）については、その趣旨に沿って、これまでの森林施策では対応できなかった森林整備等に資するものとし、その使途の公益性を担保し、国民の理解が得られるものとすること。

右決議する。

第二章　法の概要

一　法の概要

㈠　目的

この法律は、森林法第五条第一項の規定によりたてられた地域森林計画の対象とする森林について、市町村が、経営管理権集積計画を定め、森林所有者から経営管理権を取得した上で、自ら経営管理を行い、又は経営管理実施権を民間事業者に設定する等の措置を講ずることにより、林業経営の効率化及び森林の管理の適正化の一体的な促進を図り、もって林業の持続的発展及び森林の有する多面的機能の発揮に資することを目的とされている（法第一条）。

㈡　定義

⑴　「経営管理」とは、森林（森林法第五条第一項の規定によりたてられた地域森林計画の対象とする民有林に限る。）について自然的経済的社会的諸条件に応じた適切な経営又は管理を持続的に行うことをいう（法第二条第三項）。

⑵　「経営管理権」とは、森林について森林所有者が行うべき自然的経済的社会的諸条件に応じた経営又は管理を市町村が行うため、当該森林所有者の委託を受けて立木の伐採及び木材の販売、造林並びに保育（以下「伐採等」という。）（木材の販売による収益（以下「販売収益」という。）を収受するとともに、販売収益から伐採等に要する経費を控除してなお利益がある場合にその一部を森林所有者に支払うことを含む。）を実施するための権利をいう（法第二条第四項）。

⑶　「経営管理実施権」とは、森林について経営管理権を有する市町村が当該経営管理権に基づいて行うべき自然的経済的社会的諸条件に応じた経営又は管理を民間事業者が行うため、当該市町村の委託を受けて伐採等（販売収益を収受するとともに、販売収益から伐採等に要する経費を控除してなお利益がある場合にその一部を市町村及び森林所有者に支払うことを含む。）を実施するための権利をいう（法第二条第五項）。

㈢　責務

(1)　森林所有者は、その権原に属する森林について、適時に伐採、造林及び保育を実施することにより、経営管理を行わなければならない（法第三条第一項）。

(2)　市町村は、その区域内に存する森林について、経営管理が円滑に行われるようこの法律に基づく措置その他必要な措置を講ずるように努める（法第三条第二項）。

㈣　市町村への経営管理権の集積

(1)　市町村は、地域森林計画の対象森林について、関係権利者の同意を得て、市町村が設定を受ける経営管理権の始期及び存続期間、当該経営管理権に基づいて行われる経営管理の内容等の事項を定めた経営管理権集積計画を定めることとし、その公告により、市町村に経営管理権が設定される（法第二章第一節関係）。

(2)　森林所有者の全部若しくは一部が不明な場合又は森林所有者が経営管理権集積計画に同意をしない場合、その旨の公告等の手続を経て、経営管理権集積計画を定めることにより、経営管理の委託を受けることができる（法第二章第二節関係）。

㈤　市町村による森林の経営管理

市町村は、経営管理権を取得した森林（経営管理実施権が設定されているものを除く。）について経営管理を行う事業を実施する（法第三章関係）。

㈥　民間事業者への経営管理実施権の配分

市町村は、経営管理権を有する森林について、都道府県により公募され、及び公表された民間事業者の中から選定した者が設定を受ける経営管理実施権の始期及び存続期間、当該経営管理実施権に基づいて行われる経営管理の内容等を定めた経営管理実施権配分計画を定めることとし、その公告により、民間事業者に経営管理実施権が設定される（法第四章関係）。

㈦　災害等防止措置命令等

市町村の長は、伐採又は保育が実施されていない等の要件に該当する森林の森林所有者に対し、災害の発生等を防止するために必要な措置を命令でき、当該森林所有者が当該措置を行わない等の場合には、自らこれを行うことができる（法第五章関係）。

㈧　経営管理実施権の設定を受けた民間事業者に対する支援措置

経営管理実施権の設定を受けた民間事業者に対する支援措置を講ずる（法第六章関係）。

㈨　その他

都道府県は、市町村の同意を得て、㈤の事業に関する事務等を代替執行できる等、所要の規定が整備されている（法第七章関係）。

㈩　施行期日

平成三一年四月一日から施行する（法附則第一条）。

二　森林の「経営管理」の概念について

我が国の森林は、前述したとおり、その所有形態が小規模零細かつ分散的であり、また、個々の森林所有者の所有する一団の森林を個別にみると、傾斜や地形といった自然的条件等によって、林業経営に適する森林と適しない森林が入り組んでいるのが実情である。

このような現状を踏まえ、効率的な林業経営の実現による林業の成長産業化と適切な森林の管理の確保による森林の公益的機能の発揮との両立を図るためには、林業経営が成り立つかどうかにかかわらず、市町村が自然的条件等の区々な森林をいったん引き受け、市町村に集積した上で、

①　自然的条件等が良く林業経営に適した森林（立木の成長が良く、既に路網整備等も行われている森林）については、意欲と能力のある林業経営者が相当程度の規模で効率的な「経営」を行うことによって、採算性を確保し、産業としての自立を進め、

②　自然的条件が良いものの、経済的社会的条件により、林業経営に適しているとは言えない森林（立木の成長は良いも

のの、路網の整備が不十分な森林）については、林業経営を行い得るような状態を維持するための「管理」を行いつつ、条件が整えば「経営」に移行することとし、

③　自然的条件が悪く、林業経営に適しない森林（立木の成育が悪く、形質不良の森林）については、林業経営者に委託することができないため、市町村が間伐、保育等、森林の公益的機能の発揮を図るための必要最低限の施業を行うことで適切な「管理」を図る

という「経営」と「管理」の一体的な促進を図ることが必要である。

また、林業は投資した費用の回収のために、一般的に長期間を要するものであり、「経営」を成り立たせるには長期間を見据えた計画性と森林の生育過程に適切に対応した施業を行うこと、また、国土の保全、水源の涵養、二酸化炭素の吸収による地球温暖化防止等の森林の公益的機能を持続的に発揮させるためには適切な管理が常に行われることが重要であることから、「経営」「管理」いずれの観点においても「適切」な形で「持続的」に行われる必要がある。

以上のことから、我が国の森林の特性等の観点を踏まえつつ、効率的な林業経営の実現と適正な森林の管理の確保という政策的課題に対応する措置を講じるに当たり、上記を総合した概念を確定し、これを根底に据えて施策を構築するため、

①　「森林について」、「自然的条件」のみならず、「経済的条件、社会的条件」も踏まえて

②　立木の生育段階や①の条件に応じた「適切な」「経営又は管理」を、

③　「持続的に行う」こと

を本法の中で位置付け、「森林について自然的経済的社会的諸条件に応じた適切な経営又は管理を持続的に行うこと」を「経営管理」と総称することとされた。

三　新法である必要性について

我が国の全ての森林・林業法制の上位法として存在する森林・林業基本法（昭和三九年法律第一六一号。以下「基本法」という。）においては、森林及び林業に係る各種施策について、

① 森林については、森林の有する多面的機能が持続的に発揮されることが国民生活及び国民経済の安定に欠くことのできないものであることに鑑み、将来にわたって、その適正な整備及び保全が図られなければならないこと（基本法第二条第一項）

② 林業については、森林の有する多面的機能の発揮に重要な役割を果たしていることに鑑み、林業の担い手が確保されるとともに、その生産性の向上が促進され、望ましい林業構造が確立されることにより、その持続的かつ健全な発展が図られなければならないこと（基本法第三条第一項）

とし、①を森林の有する多面的機能の発揮に関する施策（森林政策）、②を林業の持続的かつ健全な発展に関する施策（林業政策）と分類して、それぞれ別個の政策体系として規定されているところである（基本法第三章及び第四章）。

こうした中、今般の制度は、我が国の森林・林業においては、

① 小規模零細かつ分散的な森林の所有構造を背景とした生産性の低さからもたらされる業としての非効率性

② 自然的経済的社会的諸条件の悪さ等を背景とした適切な管理がなされない森林の増加からもたらされる森林の多面的機能の発揮への支障

の二つが喫緊の政策課題となっていることから、これらに対応し、自然的経済的社会的諸条件に応じた適切な経営や管理ができない者の森林や集積することで効率的な林業経営が図られる森林等について、その経営管理を市町村に集積した上で、

ア 自然的条件に照らして収益性の高い森林については、その経営を持続的かつ効率的に行う意欲と能力のある民間事業者へ経営管理実施権を設定することで、個々の林業経営者の経営規模の拡大、所得の向上等を図る一方、

イ アによる設定の対象とならない森林については、市町村において経営管理を行う（市町村森林経営管理事業）

という措置を一体的に講ずることにより、林業の持続的発展及び森林の多面的機能の発揮を図ろうとするものであり、森林政策と林業政策の両面の要素を併せ持つものであることから、既存の法体系とは別に、新法として措置された。

四　題名ついて

本法の中核的な概念は「経営管理」、すなわち、「森林について自然的経済的社会的諸条件に応じた適切な経営又は管理を持続的に行うこと」であるが、本法の題名について、単に「経営管理」としたのでは、本法が何を対象とするものであるかが不明瞭なため、森林を対象とするものであることが分かるように「森林」を冠して、「森林経営管理法」とされている。

逐条解説

二　逐条解説

第一章　総　則（第一条—第三条）

（目的）
第一条　この法律は、森林法（昭和二十六年法律第二百四十九号）第五条第一項の規定によりたてられた地域森林計画の対象とする森林について、市町村が、経営管理権集積計画を定め、森林所有者から経営管理権を取得した上で、自ら経営管理を行い、又は経営管理実施権を民間事業者に設定する等の措置を講ずることにより、林業経営の効率化及び森林の管理の適正化の一体的な促進を図り、もって林業の持続的発展及び森林の有する多面的機能の発揮に資することを目的とする。

本条は、本法の目的について規定している。

我が国の森林は、その所有形態が小規模零細かつ分散的であり、また、個々の森林所有者の所有する一団の森林を個別にみると、傾斜や地形といった自然的条件等によって、林業経営に適する森林と適しない森林が入り組んでいる。このような条件に対応しつつ林業の成長産業化と森林の多面的機能の発揮との両立を図るためには、林業経営が成り立つかどうかにかかわらず、市町村が自然的条件等の区々な森林をいったん引き受け、市町村に集積した上で、民間事業者に経営管理を委ねる森林と、市町村自ら経営管理を行う森林とを仕分けることにより、経営と管理の一体的な促進を図る必要がある。

このため、本法においては、

①　森林所有者の情報を把握している市町村が、

②　経営管理権を集積することが必要かつ適当であると認める場合に経営管理権集積計画を作成することにより、経営又は管理を一括して引き受け、こうした森林を取りまとめ、

③　経営の成り立つ見込みのない森林については、市町村自ら経営管理を行い、

④　経営の成り立つ見込みのある森林については、立木の伐採及び販売を合理的かつ適切に行い、自らの経営と森林所有者への収益の還元を確保し、かつ、適切な再造林にも取り組むことができる民間事業者につなげる

という仕組みが措置されている。

また、この仕組みにより、

①　小規模零細かつ分散的な所有構造にあり、その生産性が低い我が国の森林について、集積することにより効率的な林業経営が行われるようにすることで、採算性を確保し、産業としての自立を進め、

②　また、林業経営者に委託することができなかった森林については、市町村が、間伐、保育等、森林の公益的機能の維持を図るための必要最低限の施業を行うことで適正な管理を図る

ことを実現するに当たり、経営が成り立つかどうかにかかわらず、市町村が森林を引き受けて、効率的な林業経営を行うか又は適正な森林の管理を行うかについて決定するという市町村が主体となった一つのシステムにより、林業経営の効率化及び森林の管理の適正化を一体的に実現するものとされている。

さらに究極的には、

①　林業の発展に当たっては、木材生産をはじめとする森林の多面的機能が将来の世代においても享受できる「持続性」が確保されなければならない。

②　森林は、木材の生産のほか、国土の保全、水源の涵養、二酸化炭素の吸収による地球温暖化防止等の多面的機能を有しており、国民が安全で安心して暮らせる社会の実現に大きく寄与していることから、その多面的機能の維持増進を図

ることは重要である。
目的規定においては、これらのことを簡潔に表し、
「この法律は、
① 市町村が、経営管理権集積計画を定め、森林所有者から経営管理権を取得した上で、自ら経営管理を行い、又は経営管理実施権を民間事業者に設定する等の措置を講ずることにより（講ずる措置）、
② 林業経営の効率化及び森林の管理の適正化の一体的な促進を図り（直接目的）、
③ もって林業の持続的発展及び森林の有する多面的機能の発揮に資することを目的とする（究極目的）。」
と規定されている。

（定義）

第二条　この法律において「森林」とは、森林法第二条第三項に規定する民有林をいう。

2　この法律において「森林所有者」とは、権原に基づき森林の土地の上に木竹を所有し、及び育成することができる者をいう。

3　この法律において「経営管理」とは、森林（森林法第五条第一項の規定によりたてられた地域森林計画の対象とするものに限る。第五章を除き、以下同じ。）について自然的経済的社会的諸条件に応じた適切な経営又は管理を持続的に行うことをいう。

4　この法律において「経営管理権」とは、森林について森林所有者が行うべき自然的経済的社会的諸条件に応じた経営又は管理を市町村が行うため、当該森林所有者の委託を受けて立木の伐採及び木材の販売、造林並びに保育（以下「伐採等」という。）（木材の販売による収益（以下「販売収益」という。）を収受するとともに、販売収益から伐採等に要する経費を控除してなお利益がある場合にその一部を森林所有者に支払うことを含む。）を実施するための権利をいう。

5　この法律において「経営管理実施権」とは、森林について経営管理権を有する市町村が当該経営管理権に基づいて行うべき自然的経済的社会的諸条件に応じた経営又は管理を民間事業者が行うため、当該市町村の委託を受けて伐採等（販売収益を収受するとともに、販売収益から伐採等に要する経費を控除してなお利益がある場合にその一部を市町村及び森林所有者に支払うことを含む。）を実施するための権利をいう。

本条は「森林」、「森林所有者」、「経営管理」、「経営管理権」及び「経営管理実施権」の定義規定である。

一　森林（本条第一項）

本法の対象とする「森林」については、森林法第二条第三項に規定する民有林と定義されている。

本法においては、林業経営の効率化及び森林の管理の適正化の一体的な促進を図ることを目的として、森林所有者に対し、経営管理を行う責務を課すとともに、経営管理の状況等を勘案して、経営管理権を市町村に集積することが必要かつ適当と認めるものについて、経営管理権集積計画の対象とする等の措置を講ずることとされているところ、国有林については、国有林野の管理経営に関する法律（昭和二六年法律第二四六号）等に基づき、これらを国が適切に行っていることから、本法の対象からは除外されている。

なお、経営管理権集積計画等の対象とする森林は、森林法第五条第一項の規定によりたてられた地域森林計画の対象森林とされている（本条第三項）。本法においては、林業の成長産業化と森林の多面的機能の発揮の両立を図るため、市町村に一旦地域の森林を集積することとされているところであるが、この目的の達成のためには、対象となった森林においては、森林が森林としての機能を発揮するための施業が確保される必要があるところ、地域森林計画の対象森林については、

① 自然的経済的社会的諸条件及びその周辺の地域における土地の利用の動向からみて、森林として利用することが相当でないと認められる民有林を除くこととされていること（森林法第五条第一項）

② 当該森林において開発行為をしようとする者は、都道府県知事の許可を受けなければならないこととされていること（森林法第一〇条の二第一項）

により、森林を森林として利用することが制度上担保されている。このため、経営管理権集積計画等の対象とする森林は、森林として利用することが森林法上担保されている地域森林計画の対象森林とされている。

二　森林所有者（本条第二項）

本法においては、

① 持続的な林業経営又は森林の管理の確保のためには、特に、伐採、造林及び保育が適切に実施されることが重要であることから、それらの施業を実施する権原を有する者に対し、責務を課していること

②　市町村が、森林の経営管理の状況等を勘案して、①の施業を行う権利を市町村に集積することが必要かつ適当であると認める場合に、当該森林を経営管理権集積計画の対象とすることとしており、当該計画の対象となる者は、①の施業を行う権原を有する者である必要があること

から、施策の対象となる「森林所有者」については、権原に基づき森林の土地の上に木竹を所有し、及び育成することができる者と定義されている。

ここで「権原」とは、ある法律行為又は事実行為をすることを正当ならしめる法律上の原因をいい、「権原に基づき森林の土地の上に木竹を所有し、及び育成することができる者」は、その土地の所有者のほか、その土地につき地上権、賃借権等の使用収益権を有する者はこの要件を満たすものである。

三　経営管理（本条第三項）

林業経営の効率化及び森林の管理の適正化の一体的な促進を図るためには、自然的経済的社会的諸条件に応じた適切な経営又は管理を持続的に行うことが重要であることから、「経営管理」と定義されている（総説の第二章二（森林の「経営管理」の概念について）参照。）。なお、前述したとおり、経営管理の対象となる森林は、森林法第五条第一項の規定によりたてられた地域森林計画の対象とするものに限られる。

ここで、「自然的経済的社会的諸条件」とは、樹種、林齢、傾斜、地形等の森林資源の状況、木材の供給先の配置、路網整備の状況等が挙げられる（森林経営管理法の運用について（平成三〇年一二月二一日三〇林整計第七一三号。以下「運用通知」という。）第2の1の⑴）。また、「適切な経営又は管理を持続的に行う」とは、自然的経済的社会的諸条件に応じて必要な伐採、造林、保育、木材の販売等を持続的に実施することをいう（運用通知第2の1の⑵）。

四　経営管理権（本条第四項）

経営管理の確保のためには、

①　森林について森林所有者が自然的経済的社会的諸条件に応じた経営又は管理を保育期、間伐期、主伐期等の各段階に

おいて実施することが必要であること

② また、森林所有者が①を行えない場合に受け手となる市町村が安定的に経営又は管理を行い得るよう、①の施業に要する経費は木材の販売による収益から経費として控除し、利益がある場合に限り当該森林の森林所有者にその一部を支払うこととする必要があること

③ 我が国の経営又は管理においては、森林所有者の委託を受けて①の施業が行われているのが実情であり、経営又は管理の集約化を図るためには同様の形態によることが適切であること

を明らかにする観点から、「経営管理権」については、森林について森林所有者が行うべき自然的経済的社会的諸条件に応じた経営又は管理を市町村が行うため、当該森林所有者の委託を受けて伐採等（木材の販売による収益（以下「販売収益」という。）を収受するとともに、販売収益から伐採等に要する経費を控除してなお利益がある場合にその一部を森林所有者に支払うことを含む。）を実施するための権利であり、「伐採等」は、立木の伐採及び木材の販売、造林並びに保育とされている。

五　経営管理実施権（本条第五項）

「経営管理実施権」は、市町村が森林所有者から取得し、集積した経営管理権の範囲内において、当該市町村が経営管理権に基づいて行うべき経営又は管理を民間事業者が実施するために、市町村が民間事業者に対して伐採等を委託することにより設定する権利であることから、森林について経営管理権を有する市町村が『当該経営管理権に基づいて』行うべき自然的経済的社会的諸条件に応じた経営又は管理を民間事業者が行うため、当該市町村の委託を受けて伐採等（販売収益を収受するとともに、販売収益から伐採等に要する経費を控除してなお利益がある場合にその一部を市町村及び森林所有者に支払うことを含む。）を実施するための権利と定義されている。

（責務）
第三条　森林所有者は、その権原に属する森林について、適時に伐採、造林及び保育を実施することにより、経営管理を行わなければならない。
2　市町村は、その区域内に存する森林について、経営管理が円滑に行われるようこの法律に基づく措置その他必要な措置を講ずるように努めるものとする。

本条は森林所有者及び市町村の責務についての規定である。

一　森林所有者の責務（本条第一項）

我が国において、土地は、

①　現在及び将来における国民のための限られた貴重な資源であること、国民の諸活動にとって不可欠の基盤であること、その利用が他の土地の利用と密接な関係を有するものであること等公共の利害に関係する特性を有していることに鑑み、土地については、公共の福祉を優先させるものとする（土地基本法（平成元年法律第八四号）第二条）

②　その所在する地域の自然的条件等の諸条件に応じて適正に利用されるものとする（土地基本法第三条）

こととされているところであり、この考え方は、土地の一形態である森林についても、通底するものである。また、森林は多面的機能を有しており、国民が安全で安心して暮らせる社会の実現に大きく寄与する中、特に人工林は、人が手を加え続けなければ風倒木被害や土砂災害等の原因となることで周囲に悪影響を及ぼし得る。

特に、近年の我が国においては、

①　集中豪雨の増加により深刻化してきている土砂崩壊等の災害を防止する必要性が高まっている。

②　気候変動枠組条約の下、我が国の温室効果ガス削減目標の達成に向けて、森林には温室効果ガスの吸収源としての役

割が期待されている。

③　森林から産出される木材は、素材生産業者の収入の手段となっているだけでなく、運材業者、木材利用業者等に到るまで広範な地域関係者の経済活動と直結している。

このような状況の下で、森林の土地は、原則として自由に転用したり、他者に売却できるものであるにもかかわらず、あえて森林の土地を森林として所有することを選択していることを踏まえれば、当該森林所有者には森林について適時に伐採、造林及び保育を実施することで経営管理を行い続ける責務がある。

このため、本法においては、森林所有者の責務として、その権原に属する森林について、適時に伐採、造林及び保育を実施することにより、経営管理を行わなければならないこととされている。

ここで、「適時に伐採、造林及び保育を実施する」とは、森林法第一〇条の五に規定する市町村森林整備計画に定められた標準的な施業方法から逸脱せずに伐採、造林及び保育を実施することとされている（運用通知第3の1の⑵）。

二　市町村の責務（本条第二項）

本法においては、市町村は、経営管理権集積計画の作成による経営管理権の設定、市町村森林経営管理事業の実施、経営管理実施権配分計画の作成による経営管理実施権の設定等により、その区域内の森林において経営管理が行われるよう、主導的な役割を果たすべき主体として位置づけられている。

一方、本法に基づいて経営管理権や経営管理実施権を設定し、その区域内の森林において経営管理が円滑に行われるためには、本法に基づく措置のほかに、人材育成や林地の境界明確化等の様々な措置を講ずる必要があり、本法の目的の達成は、これらの措置と本法の措置とを一体的に講ずることなしにはなし得ないところである。

こうした事情を踏まえ、本法においては、市町村の責務として、その区域内に存する森林について、経営管理が円滑に行われるようこの法律に基づく措置その他必要な措置を講ずるように努めるものとされている。

第二章　市町村への経営管理権の集積

第一節　経営管理権集積計画の作成等（第四条―第九条）

本法の目的を達成するためには、市町村が自然的条件等の区々な森林を一旦引き受け、市町村に集積することが必要であるところ、この場合、市町村は、経営管理を集積することが必要かつ適当と認められる森林を判断した上で、その区域内の森林の全部について一斉に、あるいは、集積していくことが可能なところから随時、集積を行なっていくこととするのが適当である。

このため、本法においては、市町村がその区域内の森林の全部又は一部について、経営管理権集積計画を作成し、及び公告することで、市町村がこれらの森林に係る経営管理権の設定を受けることができることとされている。

（経営管理権集積計画の作成）

第四条　市町村は、その区域内に存する森林の全部又は一部について、当該森林についての経営管理の状況、当該森林の存する地域の実情その他の事情を勘案して、当該森林の経営管理権を当該市町村に集積することが必要かつ適当であると認める場合には、経営管理権集積計画を定めるものとする。

2　経営管理権集積計画においては、次に掲げる事項を定めるものとする。

一　市町村が経営管理権の設定を受ける森林（以下「集積計画対象森林」という。）の所在、地番、地目及び面積

二　集積計画対象森林の森林所有者の氏名又は名称及び住所

三　市町村が設定を受ける経営管理権の始期及び存続期間

四　市町村が設定を受ける経営管理権に基づいて行われる経営管理の内容

五　販売収益から伐採等に要する経費を控除してなお利益がある場合において森林所有者に支払われるべき金銭の額の算定方法並びに当該金銭の支払の時期、相手方及び方法
六　集積計画対象森林について権利を設定し、又は移転する場合には、あらかじめ、市町村にその旨を通知しなければならない旨の条件
七　第三号に規定する存続期間の満了時及び第九条第二項、第十五条第二項、第二十三条第二項又は第三十二条第二項の規定によりこれらの規定に規定する委託が解除されたものとみなされた時における清算の方法
八　その他農林水産省令で定める事項
3　前項第五号に規定する算定方法を定めるに当たっては、計画的かつ確実に伐採後の造林及び保育が実施されることにより経営管理が行われるよう、伐採後の造林及び保育に要する経費が適切に算定されなければならない。
4　経営管理権集積計画は、森林法第十条の五第一項の規定によりたてられた市町村森林整備計画、都道府県の治山事業（同法第十条の十五第四項第四号に規定する治山事業をいう。）の実施に関する計画その他地方公共団体の森林の整備及び保全に関する計画との調和が保たれたものでなければならない。
5　経営管理権集積計画は、集積計画対象森林ごとに、当該集積計画対象森林について所有権、地上権、質権、使用貸借による権利、賃借権又はその他の使用及び収益を目的とする権利を有する者の全部の同意が得られているものでなければならない。

【森林経営管理法施行規則（平成三〇年農林水産省令第七八号。以下「施行規則」という。）】

（経営管理権集積計画に定めるべき事項）

第二条　法第四条第二項第八号の農林水産省令で定める事項は、市町村が設定を受ける経営管理権及び森林所有者が設

定を受ける経営管理受益権の条件その他経営管理権及び経営管理受益権の設定に係る法律関係に関する事項（同項第三号から第五号まで及び第七号に掲げる事項を除く。）とする。

本条は市町村が定める経営管理権集積計画の作成、記載事項等についての規定である。

一　経営管理権集積計画の作成（本条第一項）

市町村は、経営管理権を集積することが必要かつ適当であると認める場合には、経営管理権集積計画を定めるものとされている。ここで、市町村が経営管理権集積計画を定めるに当たって勘案する「当該森林についての経営管理の状況」とは、森林施業の状況、周辺森林における集約化の状況、今後の経営管理についての森林所有者の意向の状況等が挙げられる（運用通知第4の1の⑴）、「当該森林の存する地域の実情その他の事情」とは、経営管理を担う民間事業者の状況、路網の整備状況、製材工場の立地状況等が挙げられる（運用通知第4の1の⑵）。また、市町村が経営管理権集積計画を定める「当該森林の経営管理権を当該市町村に集積することが必要かつ適当であると認める場合」とは、経営管理が行われていない森林で、引き続き森林所有者が経営管理を行う見込みがない場合で、経営管理の集積を図ることにより林業経営の効率化や森林の管理の適正化が図られると認められる場合が挙げられる（運用通知第4の1の⑶）。この「経営管理が行われていない森林」とは、当該森林又は当該森林の周辺の森林の経営管理の状況等を総合的に勘案し、森林の有する多面的機能の発揮のために間伐等の施業を実施すべきにもかかわらず、長期間にわたって施業が実施されていない森林のこととされている（運用通知第4の1の⑷）。

二　経営管理権集積計画の記載事項（本条第二項）

経営管理権集積計画は、権利設定が契約でなされる場合における契約書と同様の内容を備えることが必要となることから、次の①から⑧までの内容を計画事項として定められている。これらの記載内容については、森林所有者の意向等の内容を勘案し、森林所有者と協議の上、定めるものとされている（運用通知第4の2の⑴）。

①　市町村が経営管理権の設定を受ける森林（以下「集積計画対象森林」という。）の所在、地番、地目及び面積
②　集積計画対象森林の森林所有者の氏名又は名称及び住所
③　市町村が設定を受ける経営管理権の始期及び存続期間
④　市町村が設定を受ける経営管理権に基づいて行われる経営管理の内容
⑤　集積計画対象森林について権利を設定し、又は移転する場合には、あらかじめ、市町村にその旨を通知しなければならない旨の条件
⑥　販売収益から伐採等に要する経費を控除してなお利益がある場合において森林所有者に支払われるべき金銭の額の算定方法並びに当該金銭の支払いの時期、相手方及び方法
⑦　存続期間の満了時及び経営管理権集積計画の取り消しにより委託が解除されたものとみなされた時における清算の方法
⑧　農林水産省令で定める事項

③の事項については、集積計画対象森林において、経営管理の実施により森林の機能が引き続き確保されるよう配慮して設定するものとされている（運用通知第4の2の⑵）。

⑥の算定方法を定めるに当たっては、森林の循環的利用を促進するという本法の趣旨に鑑みれば、伐採後の再造林が確実に行われることが重要であることから、計画的かつ確実に伐採後の造林及び保育が実施されることにより経営管理が行われるよう、伐採後の造林及び保育に要する経費が適切に算定されなければならないとされている（本条第三項）。このため、⑥の算定方法においては、計画的かつ確実に伐採後の造林及び保育が実施されることにより経営管理が行われるよう、伐採後の造林及び保育に要する経費の算定方法を明示するものとされている（運用通知第4の1の⑷）。

経営管理権集積計画は、伐採及び伐採後の造林の方法など、対象となる森林の経営管理権に基づいて行われる経営管理の具体的な内容が記載事項とされている。一方、市町村が森林法に基づき定める地域の森林整備の基本方針たる市町村森

林整備計画をはじめとする地方公共団体の森林の整備及び保全に関する計画には、伐採及び造林の標準的な方法等が記載されているところ、両者は密接な関係を有しており、両者の調和を図ることが重要であるため、経営管理権集積計画は、森林法第一〇条の五第一項の規定によりたてられた市町村森林整備計画、都道府県の治山事業（同法第一〇条の一五第四項第四号に規定する治山事業をいう。）の実施に関する計画その他地方公共団体の森林の整備及び保全に関する計画との調和が保たれたものでなければならない（本条第四項）。このため、④の事項は、同法第一〇条の五に規定する市町村森林整備計画に定められた同条第二項各号に規定する計画事項の内容に沿ったものとされている（運用通知第４の２の⑶前段）。また、集積計画対象森林が保安林である場合は、経営管理権集積計画の記載内容が当該保安林の指定施業要件を満たした内容とするものとされている（運用通知第４の２の⑶後段）。

経営管理権集積計画は、林業経営や森林管理の委託契約を締結する際の契約書と同様の内容を定める必要があるところ、存続期間中に自然災害等により被害が生じた場合の対応等が当該計画に記載されていなければ市町村と森林所有者の間で争議がおこることが考えられることから、①から⑦までに掲げる事項の他に、存続期間中に集積計画対象森林において自然災害による被害が生じたときの対応等の当事者間の法律関係についても記載する必要がある。そのため、⑧の事項については、市町村が設定を受ける経営管理権及び森林所有者が設定を受ける経営管理受益権の条件その他経営管理権及び経営管理受益権の設定に係る法律関係に関する事項（③から⑤まで及び⑦に掲げる事項を除く。）とされている（施行規則第二条）。

三　関係権利者の同意（本条第五項）

経営管理権集積計画の対象森林における経営管理権の設定に当たっては、

① 通常の契約においては、立木の伐採という処分行為については所有者の同意がなければ委託を受けることができず、特に立木が共有されている場合は、全ての立木の所有権者の同意を得る必要があること

② 立木又は土地について現に使用収益権を有する者の権利を制約することとなり、また、使用収益権を有する者は必ずしも一人に限られる者ではないこと

から、経営管理権集積計画は、集積計画対象森林ごとに、当該集積計画対象森林について所有権、地上権、質権、使用貸借による権利、賃借権又はその他の使用及び収益を目的とする権利を有する者の全部の同意が得られているものでなければならない。

四　経営管理権集積計画の性質

この経営管理権集積計画は、森林所有者の全部又は一部が不明な場合にも対応しつつ、経営管理権の設定を集団的に行うために、

① 市町村が同一の計画書において個々の森林の経営管理権の設定をまとめ、集団的に効果を生じさせる行政計画であり、
② その内容は、林業経営や森林管理の委託契約を締結する際に必要な事項を主なものとしており、
③ 当事者を含む関係権利者全員の同意という方向を同じくする複数の意思の合致により成立し、これを公告することによって、委託関係にかかる私法上の債権の集合体である経営管理権が発生するものである

ことから、計画に記載された事項の履行、違反が生じた場合の措置及び権利義務関係の解消等については、本法及び計画に定めなき事項は、私法上の債権債務関係として処理されることとなる。

（経営管理意向調査）

第五条　市町村は、経営管理権集積計画を定める場合には、農林水産省令で定めるところにより、集積計画対象森林の森林所有者（次条第一項の規定による申出に係るものを除く。）に対し、当該集積計画対象森林についての経営管理の意向に関する調査（第四十八条第一項第一号において「経営管理意向調査」という。）を行うものとする。

【施行規則】

（経営管理意向調査）

第三条　法第五条の規定による経営管理意向調査は、次に掲げる事項について、書面により行うものとする。

一　当該集積計画対象森林についての経営管理の現況

二　当該集積計画対象森林についての経営管理の見通し

三　その他参考となるべき事項

本条は、市町村が行う経営管理意向調査についての規定である。

経営管理権集積計画は、行政計画であり、市町村が必要かつ適当と認める場合に作成するものであるが、同計画において、森林所有者の所有する森林について経営管理権の設定等が行われることから、森林所有者の権原に属する森林に対する意思の確認（自ら経営管理するか、市町村に委託するか）は、市町村が計画を作成すべきかどうか判断するに当たっての重要な情報となる。そこで、市町村が経営管理権集積計画を定める場合には、情報収集を行うため、森林所有者の意向を調査することを市町村に義務付けることとし、集積計画対象森林の森林所有者に対し、当該集積計画対象森林についての経営管理の意向に関する調査（以下「経営管理意向調査」という。）を行うものとされている。

この経営管理意向調査は、次に掲げる事項について、書面により行うものとされている（施行規則第三条）。

①　当該集積計画対象森林についての経営管理の現況

②　当該集積計画対象森林についての経営管理の見通し

③　その他参考となるべき事項

経営管理意向調査については、当該調査の対象森林は、経営管理が行われていない森林であって、市町村が経営管理権を取得することで、林業経営の効率化や森林の管理の適正化が図られていると見込まれるものを優先的に選定することが望ましいとされている（運用通知第5の1）。

（経営管理権集積計画の作成の申出）

第六条　森林所有者は、農林水産省令で定めるところにより、その権原に属する森林について、当該森林の所在地の市町村に対し、経営管理権集積計画を定めるべきことを申し出ることができる。

2　前項の規定による申出を受けた市町村は、当該申出に係る森林を集積計画対象森林としないこととしたときは、その旨及びその理由を、当該申出をした森林所有者に通知するように努めるものとする。

【施行規則】

（経営管理権集積計画の作成の申出）

第四条　法第六条第一項の規定による申出は、次に掲げる事項を記載した申出書を提出してするものとする。

一　申出者の氏名又は名称及び住所

二　当該申出に係る森林の所在、地番、地目及び面積

三　当該申出に係る森林についての経営管理の現況

四　その他参考となるべき事項

2　前項の申出書には、申出者が当該申出に係る森林の森林所有者であることを証する書類を添付するものとする。

本法においては、市町村に対し経営管理権集積計画作成の情報収集として経営管理意向調査が義務付けられているが（法第五条）、その一方で、森林所有者の側から委託をしたい旨の意向の表明があれば、経営管理意向調査を行わずとも、経営管理権集積計画作成のために必要な情報収集がなされたこととなる。このため、森林所有者は、その権原に属する森林につい

て、当該森林の所在地の市町村に対し、経営管理権集積計画を定めるべきことを申し出ることができると明定し（本条第一項）、この場合、森林所有者が市町村に経営管理権を設定する意思があることは明白であり、重ねて経営管理意向調査を行う意義に乏しいことから、経営管理意向調査の対象とする森林からは、当該申出に係る森林を除くこととされている（法第五条）。

当該申出は、次に掲げる事項を記載した申出書を提出してするものとされている（施行規則第四条第一項）

① 申出者の氏名又は名称及び住所

② 当該申出に係る森林の所在、地番、地目及び面積

③ 当該申し出にかかる森林についての経営管理の現況

④ その他参考となるべき事項

また、経営管理権集積計画の作成の申出は森林所有者のみが行えるものであり、市町村はその要件を確認する必要があることから、当該申出書には、申出者が当該申出に係る森林の森林所有者であることを証する書類を添付するものとされている（施行規則第四条第二項）。

また、市町村は、「必要かつ適当と認める場合に」経営管理権集積計画を作成するものとしていることから（第四条第一項）、申出があったにもかかわらず経営管理権集積計画を作成しない場合があり得るが、そのような場合には、森林所有者が委託したい旨の意向を表明しているにもかかわらず、その意向に添えないこととなる。このため、申出を受けた市町村は、当該申出に係る森林を集積計画対象森林としないこととしたときは、その旨及びその理由を、当該申出をした森林所有者に通知するように努めるものとされている（本条第二項）。ここで、「当該申出に係る森林を集積計画対象森林としないこととしたとき」は、地域の実情等に応じて、林業経営の効率化及び森林の管理の適正化の一体的な促進が図られないなど、法の趣旨に適合しない場合が挙げられる（運用通知第6の1）。

（経営管理権集積計画の公告等）

第七条　市町村は、経営管理権集積計画を定めたときは、農林水産省令で定めるところにより、遅滞なく、その旨を公告するものとする。

2　前項の規定による公告があったときは、その公告があった経営管理権集積計画の定めるところにより、市町村に経営管理権が、森林所有者に金銭の支払を受ける権利（以下「経営管理受益権」という。）が、それぞれ設定される。

3　前項の規定により設定された経営管理権は、第一項の規定による公告の後において当該経営管理権に係る森林の森林所有者となった者（国その他の農林水産省令で定める者を除く。）に対しても、その効力があるものとする。

【施行規則】

（経営管理権集積計画の公告）

第五条　法第七条第一項の規定による公告は、経営管理権集積計画を定めた旨及び当該経営管理権集積計画について、市町村の公報への掲載、インターネットの利用その他の適切な方法により行うものとする。

（経営管理権の効力が及ばない森林所有者）

第六条　法第七条第三項の農林水産省令で定める者は、国及び次に掲げる事由により法第七条第一項の規定による公告（以下この条において単に「公告」という。）の後において当該経営管理権に係る森林の森林所有者となった者とする。

一　公告の前にされた差押え又は仮差押えの執行に係る国税徴収法（昭和三十四年法律第百四十七号）による滞納処分（その例による滞納処分を含むものとし、以下この条において単に「滞納処分」という。）又は強制執行

二　公告の後にされた差押え又は仮差押えの執行に係る滞納処分又は強制執行（配当等を受けるべき債権者のうちに

公告の前に対抗要件を備えた担保権者（当該経営管理権集積計画に同意した担保権者を除く。第四号において同じ。）があるものに限る。）

三　公告の前に対抗要件を備えた担保権（当該経営管理権集積計画について担保権者の同意を得たものを除く。）の実行としての競売

四　公告の後に対抗要件を備えた担保権の実行としての競売（配当等を受けるべき債権者のうちに公告の前に対抗要件を備えた担保権者があるものに限る。）

五　公告の前に仮登記がされた所有権の設定、移転、変更又は消滅に関する請求権（始期付き又は停止条件付きのものその他将来確定することが見込まれるものを含み、当該経営管理権集積計画について仮登記の登記名義人の同意を得たものを除く。）の行使

一　経営管理権集積計画の公告

経営管理権集積計画による権利設定は当事者間におけるものであることから、公告という一般的な周知を目的とする行為形式でなく、通知という当事者間の行為形式によらしめるという考え方もあり得るが、当該計画においては、多数の森林所有者の多数の森林に係る権利を市町村に集積することとなる中、

①　周辺の他の森林と一括で条件が明示される形で権利設定されることにより、森林所有者にとって公平性を欠いた権利設定がされることはないという安心感の醸成につながり、権利設定が促進されること

②　公告を見れば情報が一覧できるため、個別に通知が発出されているかの確認を要しないことから、市町村内における事務手続、関係部局間の負担軽減が図られること

③　不明者が存在する場合においても、一定の手続を経ることでこれらの者の同意を擬制することによって、経営管理権の設定を受けることができること

から、公告という形式によらしめることとされており、市町村は、経営管理権集積計画を定めたときは、遅滞なく、その旨を公告するものとし（本条第一項）、公告があったときは、その公告があった経営管理権集積計画の定めるところにより、市町村に経営管理権が、森林所有者に金銭の支払を受ける権利（以下「経営管理受益権」という。）が、それぞれ設定される（本条第二項）。

二に後述するとおり、経営管理権は経営管理権集積計画の公告の後において、当該経営管理権に係る森林の森林所有者となった者に対してもその効力があることから（本条第三項）、市町村及び現在の森林所有者以外の第三者に対しても経営管理権集積計画を定めた旨及び当該経営管理権集積計画の内容について周知されるよう、当該公告は、経営管理権集積計画を定めた旨及び当該経営管理権集積計画について、市町村の公報への掲載、インターネットの利用その他の適切な方法により行うものとし（施行規則第五条）、市町村は公告した経営管理権集積計画により設定された経営管理権の存続期間中、当該経営管理権集積計画を縦覧するものとされている（運用通知第7の1）。

二　経営管理権の効力（本条第三項）

本法においては、経営管理権の設定を受けた市町村が、安定的に森林の経営管理を行うことができるよう、本条第二項の規定により設定された経営管理権は、同条第一項の規定による公告の後において当該経営管理権に係る森林の森林所有者となった者に対しても、その効力があるものとされている（本条第三項）。

一方、

① 国が、市町村が経営管理権を取得した森林の森林所有者となった場合は、当該森林は本法の対象とする森林である民有林から外れることとなり、本法の枠外になること

② このほか、公告の時点で既に設定されていた担保権の実行により、公告後に新たな森林所有者となった者に対してまで経営管理権の効力を及ぼすことは、当該森林に経営管理権が設定されることを想定していなかった担保権者にとって不測の不利益を生じさせるおそれがあるなど、新たな森林所有者に対して経営管理権の効力を及ぼすことが適当とは限

らない場合が想定されること

から、このような場合にきめ細かな運用ができるよう、農林水産省令で定める者については、経営管理権の効力が及ぶ者から除くこととされている（本条第三項）。

ここで、②に関して、経営管理権の効力が及ぶ者から除く必要がある者は、経営管理権が設定される以前に森林について自己の債権を担保する権利を有しており、当該経営管理権の設定により当該森林の換価価値が変動し、競売・公売を行っても当初見込んでいた額の弁済を受けられず、不測の不利益を被るおそれがある者である一方、担保権等が設定されていることのみをもって一概に経営管理権を消滅させることは、当該経営管理権の設定を受けている市町村及び当該経営管理権に基づく経営管理実施権の設定を受けている民間事業者による森林の経営管理を不安定にさせる要因になり得るため、公告前に市町村を含む第三者に対する対抗要件を備えた担保権等を有し、かつ当該担保権等を有する者が経営管理権の設定について同意していない場合のみ、経営管理権の効力が及ぶ者から除くこととすることが適当である。このため、農林水産省令で定める者については、国及び次に掲げる事由により本条第一項の規定による公告の後において当該経営管理権に係る森林の森林所有者となった者とされている（施行規則第六条）。

① 当該公告の前にされた差押え又は仮差押えの執行に係る国税徴収法（昭和三四年法律第一四七号）による滞納処分（その例による滞納処分を含むものとし、以下単に「滞納処分」という。）又は強制執行

② 当該公告の後にされた差押え又は仮差押えの執行に係る滞納処分又は強制執行（配当等を受けるべき債権者のうちに当該公告の前に対抗要件を備えた担保権者（当該経営管理権集積計画に同意した担保権者を除く。④において同じ。）があるものに限る。）

③ 当該公告の前に対抗要件を備えた担保権（当該経営管理権集積計画について担保権者の同意を得たものを除く。）の実行としての競売

④ 当該公告の後に対抗要件を備えた担保権の実行としての競売（配当等を受けるべき債権者のうちに当該公告の前に対

抗要件を備えた担保権者があるものに限る。）

⑤　当該公告の前に仮登記がされた所有権の設定、移転、変更又は消滅に関する請求権（始期付き又は停止条件付きのものその他将来確定することが見込まれるものを含み、当該経営管理権集積計画について仮登記の登記名義人の同意を得たものを除く。）

（経営管理権集積計画の取消し）

第八条　市町村は、経営管理権を有する森林の森林所有者が次の各号のいずれかに該当する場合には、経営管理権集積計画のうち当該森林所有者に係る部分を取り消すことができる。

一　偽りその他不正な手段により市町村に経営管理権集積計画を定めさせたことが判明した場合

二　当該森林に係る権原を有しなくなった場合

三　その他経営管理に支障を生じさせるものとして農林水産省令で定める要件に該当する場合

（経営管理権集積計画の取消しの公告）

第九条　市町村は、前条の規定による取消しをしたときは、農林水産省令で定めるところにより、遅滞なく、その旨を公告するものとする。

2　前項の規定による公告があったときは、経営管理権集積計画のうち前条の規定により取り消された部分に係る経営管理権に係る委託は、解除されたものとみなす。

【施行規則】

（経営管理権集積計画の取消しの公告）

第七条　法第九条第一項の規定による公告は、経営管理権集積計画のうち当該森林所有者に係る部分を取り消した旨及び当該経営管理権集積計画のうち当該取消しに係る部分について、市町村の公報への掲載、インターネットの利用その他の適切な方法により行うものとする。

経営管理権集積計画の作成・公告によって、森林所有者と市町村の間に権利設定がされる一方、そもそも経営管理権集積計画が適法に定められていなかったり、後発事情により当該権利関係を消滅させるべき事態が発生することが考えられることから、取消規定が設けられている（法第八条）。

この経営管理権集積計画の取消しの効果の発生は、経営管理権集積計画を定める場合と同様公告に係らしめることとするため、法第八条の規定により経営管理権集積計画の取消しをしたときは、遅滞なくその旨を公告するものとし（法第九条第一項）、当該取消しをした旨を公告することで、当該部分に係る委託は、解除されたものとみなすとされている（第九条第二項）。また、当該公告の方法についても経営管理権集積計画を定める場合と同様、経営管理権集積計画のうち当該森林所有者に係る部分を取り消した旨及び当該経営管理権集積計画のうち当該取消しに係る部分について、市町村の公報への掲載、インターネットの利用その他の適切な方法により行うものとされている（施行規則第七条）。

第二節　経営管理権集積計画の作成手続の特例

第一款　共有者不明森林に係る特例（第一〇条―第一五条）

森林は、一般に、土地としての資産価値が低いことから、相続が発生しても、相続人の権利意識が希薄な状態で、遺産分割がなされず、かつ、数次の相続を経て多数の者による共有状態となっているケースが多い。このような森林は、登記もなされていないものが少なくないのが現状である。

このような森林の多くは、

① 未登記のため、共有者が何人存在するか調べるためには、登記名義人等の戸籍をたどる必要があるが、登記名義人等が三、四世代前であることも珍しくなく、そのような場合には、戸籍等をたどった結果推定相続人の数が数十人を超えるなど膨大になることがあること

② 推定相続人が確知できた場合であっても、海外も含め他の地域に転出していること等によりその居所を把握することが困難となっている場合があること

から、森林所有者の全部の同意を得ることが困難であり、市町村が経営管理権集積計画を作成できないことが想定される。

このような所有者不明の森林の存在は、林業経営の効率化及び森林の管理の適正化を進める上での阻害要因となり得るものであるため、森林所有者の一部を確知できない場合であっても、経営管理権集積計画による経営管理権の設定を可能とする、経営管理権集積計画の作成手続の特例が措置されている。

（不明森林共有者の探索）

第十条　市町村は、経営管理権集積計画（存続期間が五十年を超えない経営管理権の設定を市町村が受けることを内容とするものに限る。以下この款において同じ。）を定める場合において、集積計画対象森林のうちに、数人の共有に属する森林であってその森林所有者の一部を確知することができないもの（以下「共有者不明森林」という。）があり、かつ、当該森林所有者で知れているものの全部が当該経営管理権集積計画に同意しているときは、相当な努力が払われたと認められるものとして政令で定める方法により、当該森林所有者で確知することができないもの（以下「不明森林共有者」という。）の探索を行うものとする。

【森林経営管理法施行令（平成三〇年政令第三二〇号。以下「施行令」という。）】

（不明森林共有者の探索の方法）

第一条　森林経営管理法（以下「法」という。）第十条の政令で定める方法は、共有者不明森林の森林所有者の氏名又は名称及び住所又は居所その他の不明森林共有者を確知するために必要な情報（以下この条において「不明森林共有者関連情報」という。）を取得するため次に掲げる措置をとる方法とする。

一　当該共有者不明森林の土地及びその土地の上にある立木の登記事項証明書の交付を請求すること。

二　当該共有者不明森林の土地を現に占有する者その他の当該共有者不明森林に係る不明森林共有者関連情報を保有すると思料される者であって農林水産省令で定めるものに対し、当該不明森林共有者関連情報の提供を求めること。

三　第一号の登記事項証明書に記載されている所有権の登記名義人又は表題部所有者その他前二号の措置により判明した当該共有者不明森林の森林所有者と思料される者（以下この号及び次号において「登記名義人等」という。）

が記録されている住民基本台帳又は法人の登記簿を備えると思料される市町村の長又は登記所の登記官に対し、当該登記名義人等に係る不明森林共有者関連情報の提供を求めること。

四　登記名義人等が死亡又は解散していることが判明した場合には、農林水産省令で定めるところにより、当該登記名義人等又はその相続人、合併後存続し、若しくは合併により設立された法人その他の当該共有者不明森林の森林所有者と思料される者が記録されている戸籍簿若しくは除籍簿若しくは戸籍の附票又は法人の登記簿を備えると思料される市町村の長又は登記所の登記官その他の当該共有者不明森林に係る不明森林共有者関連情報を保有すると思料される者に対し、当該不明森林共有者関連情報の提供を求めること。

五　前各号の措置により判明した当該共有者不明森林の森林所有者と思料される者に対して、当該共有者不明森林の森林所有者を特定するための書面の送付その他の農林水産省令で定める措置をとること。

【施行規則】

（不明森林共有者関連情報を保有すると思料される者）

第八条　令第一条第二号に規定する農林水産省令で定める者は、次に掲げる者とする。

一　当該共有者不明森林の土地を現に占有する者

二　当該共有者不明森林について所有権以外の権利（登記されたものに限る。）を有する者

三　経営管理意向調査により判明した当該共有者不明森林に係る不明森林共有者関連情報を有すると思料される者

四　前各号に掲げる者のほか、市町村が保有する情報（不明森林共有者の探索に必要な範囲内において保有するものに限る。）に基づき、不明森林共有者関連情報を有すると思料される者

（登記名義人等が死亡又は解散していることが判明したときの不明森林共有者関連情報の提供を求める措置）

第九条　市町村は、令第一条第四号の規定により不明森林共有者関連情報の提供を求めるときは、次に掲げる措置をとるものとする。
一　登記名義人等が自然人である場合には、当該登記名義人等が記録されている戸籍簿又は除籍簿を備えると思料される市町村の長に対し、当該登記名義人等が記載されている戸籍謄本又は除籍謄本の交付を請求すること。
二　前号の措置により判明した当該登記名義人等の相続人が記録されている戸籍の附票を備えると思料される市町村の長に対し、当該相続人の戸籍の附票の写し又は消除された戸籍の附票の写しの交付を請求すること。
三　登記名義人等が法人であり、合併により解散した場合には、合併後存続し、又は合併により設立された法人が記録されている法人の登記簿を備えると思料される登記所の登記官に対し、当該法人の登記事項証明書を求めること。
四　登記名義人等が法人であり、合併以外の理由により解散した場合には、当該登記名義人等の登記事項証明書に記載されている清算人に対して、書面の送付その他適当な方法により当該共有者不明森林に係る不明森林共有者関連情報の提供を求めること。

（共有者不明森林の森林所有者を特定するための措置）
第十条　令第一条第五号の農林水産省令で定める措置は、当該共有者不明森林の森林所有者と思料される者に対して、当該共有者不明森林の森林所有者を特定するための書類を書留郵便その他配達を試みたことを証明することができる方法により送付する措置とする。ただし、当該共有者不明森林の所在する市町村内においては、当該措置に代えて、当該共有者不明森林の森林所有者と思料される者を訪問する措置によることができる。

本条は、不明森林共有者の探索について定めている。

一　共有者不明森林について

本法においては、集積計画対象森林のうちに、数人の共有に属する森林であってその森林所有者の一部を確知することができないものを共有者不明森林としている。ここで、「数人の共有に属する森林であってその森林所有者の一部を確知することができないもの」とは、市町村による経営管理意向調査又は知れている森林所有者からの経営管理権集積計画の作成申出により森林所有者の一部が不明であることが明らかとなった森林とされている（運用通知第8の1の(1)）。また、「森林所有者の一部が不明であると明らかとなった森林」は、知れている森林所有者からの情報提供により他の森林所有者がいることが判明し、当該森林所有者に対して経営管理意向調査を実施したものの返答がない場合等、森林所有者の一部が所在不明であることが明らかになった森林が挙げられる（運用通知第8の1の(2)）。

二　共有者不明森林における経営管理権の存続期間について

経営管理権集積計画により市町村が設定を受ける経営管理権の存続期間は、森林の生育に要する期間、周辺の地域における土地の利用の動向その他の事情を勘案して、当該経営管理権に基づき経営管理実施権の設定を受けている民間事業者が安定的に経営管理を行うのに必要な期間を設ける必要がある。共有者不明森林において、不明森林共有者の直接の同意を得ることなく、存続期間に上限のない経営管理権を設定することは、不明森林共有者の財産権に対する制約の程度が大きい一方で、経営管理権の存続期間の上限が短すぎると、経営管理実施権の設定を受けている民間事業者が安定した経営管理を行うことができない。このため、両者の均衡を図る観点から、伐採、造林及び保育という森林資源の循環が最低限一巡する五〇年が経営管理権の存続期間の上限とされている。

三　森林所有者の探索

(一)　探索の方法

市町村は、経営管理権集積計画を定める場合において、集積計画対象森林のうちに、共有者不明森林があり、かつ、当該森林所有者で知れているものの全部が当該経営管理権集積計画に同意しているときは、相当な努力が払われたと認められるものとして政令で定める方法により、不明森林共有者の探索を行うものとされている。

不明森林共有者の探索については、経営管理権集積計画の対象森林に立ち入る者全てに問い合わせるなど、様々な方法が想定されるものの、想定されうる全ての探索の方法を尽くすことは事実上困難であることから、市町村が必要以上に時間と労力をかけて過度な探索を行ってしまうことを防ぐため、探索の方法を明確に定める必要がある。ここで、森林所有者を探索し、同意を得るためには、当該森林の土地及び立木の登記名義人（登記名義人が死亡している場合はその相続人）の住所を特定し、当該住所に照会を行う手続をとることとなる。具体的には、

① 森林の土地及び立木の登記事項証明書を取得し、当該登記事項証明書に記載された所有権の登記名義人を特定する

② 当該森林の土地を現に占有している者等、森林所有者を確知するために必要な情報を有していると思料される者に対し、照会を行う

③ ①及び②で判明した森林所有者と考えられる者（以下「登記名義人等」という。）の居住地の市町村に対して、住民基本台帳の写しを請求し、現住所及びその生死を確認する

④ 登記名義人等が死亡している場合には、登記名義人等の戸籍謄本又は戸籍の附票を請求し、相続人の有無及びその住所を確認する

⑤ 戸籍の附票が消除されている又は登記名義人が除籍簿に記載されている場合には、④に代わって、登記名義人等の除籍謄本を請求し、相続人の有無を確認するとともに、各相続人の本籍地の市町村に対して、戸籍の附票の写しを請求し、各相続人の現住所及びその生死を確認する

⑥ ①から⑤までの措置により判明した森林所有者と思料される者に書面等で照会を行う

という措置をとることになる。

以上の措置により、森林所有者と思料される者の住所、及び死亡している場合にはその相続人の範囲及びその現住所を網羅的に確認することが可能である。

このため、相当な努力が払われたと認められるものとして政令で定める方法とは、共有者不明森林の森林所有者の氏名又は名称及び住所又は居所その他の不明森林共有者を確知するために必要な情報（以下「不明森林共有者関連情報」とい

う。）を取得するため次に掲げる措置をとる方法とされている（施行令第一条）。

ア　当該共有者不明森林の土地及びその土地の上にある立木の登記事項証明書の交付を請求すること。

イ　当該共有者不明森林の土地を現に占有する者その他の当該共有者不明森林に係る不明森林共有者関連情報を保有すると思料される者であって農林水産省令で定めるものに対し、当該不明森林共有者関連情報の提供を求めること。

ウ　登記名義人等が記録されている住民基本台帳又は法人の登記簿を備えると思料される市町村の長又は登記所の登記官に対し、当該登記名義人等に係る不明森林共有者関連情報の提供を求めること。

エ　登記名義人等が死亡又は解散していることが判明した場合には、農林水産省令で定めるところにより、当該登記名義人等又はその相続人、合併後存続し、若しくは合併により設立された法人その他の当該共有者不明森林の森林所有者と思料される者が記録されている戸籍簿若しくは除籍簿若しくは戸籍の附票又は法人の登記簿を備えると思料される市町村の長又は登記所の登記官その他の当該共有者不明森林に係る不明森林共有者関連情報を保有すると思料される者に対し、当該不明森林共有者関連情報の提供を求めること。

オ　アからエの措置により判明した当該共有者不明森林の森林所有者と思料される者に対して、当該共有者不明森林の森林所有者を特定するための書面の送付その他の農林水産省令で定める措置をとること。

なお、イ、エ及びオの具体的な内容については、実際の探索によってその手段・方法も様々であることが想定される中、探索方法をより具体的に明確化する観点から、実情に応じた対応を柔軟に行えるように、農林水産省令で定めるものとされている。

(二)　不明森林共有者関連情報を保有すると思料される者

共有者不明森林において、現に当該森林の土地を占有する者、当該森林について所有権以外の権利を有する者等は、不明森林共有者関連情報を保有すると思料されることから、施行令第一条第二号に規定する農林水産省令で定める者は、次に掲げる者とされている（施行規則第八条）。

ア　当該共有者不明森林の土地を現に占有する者
イ　当該共有者不明森林について所有権以外の権利（登記されたものに限る。）を有する者
ウ　経営管理意向調査により判明した当該共有者不明森林に係る不明森林共有者関連情報を有すると思料される者
エ　アイウに掲げる者のほか、市町村が保有する情報（不明森林共有者の探索に必要な範囲内において保有するものに限る。）に基づき、不明森林共有者関連情報を有すると思料される者

㈢　登記名義人等が死亡又は解散していることが判明したときの不明森林共有者関連情報の提供を求める措置

登記名義人等が自然人である場合、当該登記名義人等の相続人を特定するためには、当該登記名義人等の戸籍謄本若しくは除籍謄本又は戸籍の附票の写しにより、同一戸籍内にある配偶者等を把握する必要がある。また、登記名義人等が法人である場合、

①　法人が合併しているときは、合併後の法人の登記事項証明書により合併後の法人の本店又は営業所等を把握する

②　法人が解散しているときは、当該法人の清算人が森林を管理又は処分していると思料されるため、当該清算人に対し、不明森林共有者関連情報の提供を求める

必要がある。

このため、施行令第一条第四号の規定により不明森林共有者関連情報の提供を求めるときは、次に掲げる措置をとるものとされている（施行規則第九条）。

ア　登記名義人等が自然人である場合には、当該登記名義人等が記録されている戸籍簿又は除籍簿を備えると思料される市町村の長に対し、当該登記名義人等が記載されている戸籍謄本又は除籍謄本の交付を請求すること
イ　アの措置により判明した当該登記名義人等の相続人が記録されている戸籍の附票を備えると思料される市町村の長に対し、当該相続人の戸籍の附票の写し又は消除された戸籍の附票の写しの交付を請求すること
ウ　登記名義人等が法人であり、合併により解散した場合には、合併後存続し、又は合併により設立された法人が記録

されている法人の登記簿を備えると思料される登記所の登記官に対し、当該法人の登記事項証明書を求めること

エ　登記名義人等が法人であり、合併以外の理由により解散した場合には、当該登記名義人等の登記事項証明書に記載されている清算人に対して、書面の送付その他適当な方法により当該共有者不明森林に係る不明森林共有者関連情報の提供を求めること

(四)　共有者不明森林の森林所有者を特定するための措置

森林所有者の不在村化が進む中、森林所有者と思料される者の多くが遠方に居住していることが想定されるため、市町村が共有者不明森林の森林所有者を特定するために当該森林の森林所有者と思料される者に対して行う措置は、当該共有者不明森林の森林所有者を特定するための書類を書留郵便その他配達を試みたことを証明することができる方法により送付する措置とされている（施行規則第一〇条）。ただし、当該共有者不明森林の所在する市町村内においては、当該措置に代えて、当該共有者不明森林の森林所有者と思料される者を訪問する措置によることができる（施行規則第一〇条）。

（共有者不明森林に係る公告）

第十一条　市町村は、前条の探索を行ってもなお不明森林共有者を確知することができないときは、その定めようとする経営管理権集積計画及び次に掲げる事項を公告するものとする。

一　共有者不明森林の所在、地番、地目及び面積

二　共有者不明森林の森林所有者の一部を確知することができない旨

三　共有者不明森林について、経営管理権集積計画の定めるところにより、市町村が経営管理権の設定を、森林所有者が経営管理受益権の設定を受ける旨

四　前号に規定する経営管理権に基づき、共有者不明森林について次のいずれかが行われる旨

イ　第三十三条第一項に規定する市町村森林経営管理事業の実施による経営管理

ロ　第三十五条第一項の経営管理実施権配分計画による経営管理実施権の設定及び当該経営管理実施権に基づく民間事業者による経営管理

五　共有者不明森林についての次に掲げる事項

イ　第三号に規定する経営管理権の始期及び存続期間

ロ　第三号に規定する経営管理権に基づいて行われる経営管理の内容

ハ　販売収益から伐採等に要する経費を控除してなお利益がある場合において森林所有者に支払われるべき金銭の額の算定方法並びに当該金銭の支払の時期、相手方及び方法

ニ　イに規定する存続期間の満了時及び第九条第二項、第十五条第二項又は第二十三条第二項の規定によりこれらの規定に規定する委託が解除されたものとみなされた時における清算の方法

六　不明森林共有者は、公告の日から起算して六月以内に、農林水産省令で定めるところにより、その権原を証する

書面を添えて市町村に申し出て、経営管理権集積計画又は前三号に掲げる事項について異議を述べることができる旨

七　不明森林共有者が前号に規定する期間内に異議を述べなかったときは、当該不明森林共有者は経営管理権集積計画に同意したものとみなす旨

【施行規則】

（共有者不明森林に係る経営管理権集積計画についての異議）

第十一条　法第十一条第六号の規定による申出は、次に掲げる事項を記載した申出書を提出してするものとする。

一　申出者の氏名又は名称及び住所

二　当該申出に係る共有者不明森林の所在、地番、地目及び面積

三　当該申出の趣旨及びその理由

市町村は、探索を行ってもなお不明森林共有者を確知することができないときは、その定めようとする経営管理権集積計画及び本条第一号から第七号までに掲げる事項を公告するものとされている。

公告する事項は、不明森林共有者の同意を擬制するために必要な情報、すなわち、

① 同意みなしの対象となる共有者不明森林に関する情報（本条第一号）

② 当該公告が、共有者不明森林に関するものであることが分かる情報（本条第二号）

③ 共有者不明森林の今後の取扱いと不明森林共有者の地位について知らしめ、異議の申出をするか否かの判断をできるようにするための情報（本条第三号から第四号まで）

④　経営管理権集積計画について同意をしたものとみなされることから、同意みなしの対象となる経営管理権集積計画の内容（本条第五号）

⑤　公告に対し不明森林共有者が取り得る手段と、それをとらない場合にどのような結果が生ずるかについての情報（本条第六号及び第七号）

が必要であることから、経営管理権集積計画及び本条第一号から第七号までに掲げる事項を公告するものとされている。

本条第六号の申出は、権原を証する書面を添えて、次に掲げる事項を記載した申出書を提出してするものとされている（施行規則第一一条）。

ア　申出者の氏名又は名称及び住所

イ　当該申出に係る共有者不明森林の所在、地番、地目及び面積

ウ　当該申出の趣旨及びその理由

なお、当該申出に当たっては、不明森林共有者が当該共有者不明森林について権原を有していることを証明するため、専門家への相談、関係書類の収集等に相当の期間を要することから、六月以内とするものとされている。

（不明森林共有者のみなし同意）
第十二条　不明森林共有者が前条第六号に規定する期間内に異議を述べなかったときは、当該不明森林共有者は、経営管理権集積計画に同意したものとみなす。

一　不明森林共有者のみなし同意

法第一一条の公告の結果、不明森林共有者が公告の日から起算して六か月の期間内に異議を述べなかったときは、当該不明森林共有者は、経営管理権集積計画について同意をしたものとみなされる。

本条の規定により不明森林共有者が経営管理権集積計画に同意したものとみなされた場合、市町村は、同意したとみなされた当該計画について、法第七条第一項に基づく経営管理権集積計画を定めた旨の公告を行うものとされている（運用通知第8の2の⑷）。

二　共有者不明森林に係る経営管理権集積計画の同意手続の特例と憲法第二九条との関係について

本法では、

①　共有者の一部を確知できない森林を対象として、市町村が所定の手続により不明森林共有者の探索を行い、

②　さらに、六月間の公告を経てもなお不明森林共有者を確知できない場合、

当該不明森林共有者は経営管理権集積計画に同意したものとみなすこととしている。この場合、不明森林共有者の意向によらず、経営管理権集積計画への同意手続を進めることを可能とする措置は、不明森林共有者にとっては、財産権に対する不当な制約になるとの考えもあり得るところである。

しかしながら、このような措置を設けたとしても、以下の理由から、不明森林共有者の権利を不当に制約するものではなく、憲法第二九条に違反するものではないと考えられる。

① 森林は、木材の生産以外に、国土の保全、水源の涵養、二酸化炭素の吸収等の多面的機能を有しており、適切な経営管理により、多面的機能の維持増進を図ることが重要であること。
② 我が国において、森林は、起伏や傾斜のある山地に存在していることが多く、土地を森林以外の用途に供することは、事実上極めて困難であり、一般に、森林は森林として利用するほかないものであること。
③ 今般の措置は、森林を森林として維持・利用すべき区域にあるにもかかわらず、適切な経営管理がなされない森林について、多面的機能の発揮を図るため、やむを得ず公的主体である市町村が森林所有者から森林の経営管理権を取得するものであり、公益性の高いものであること。
④ 今般の措置においては、不明森林共有者に対して、探索を行い、さらに六月間の公告を行って異議を述べる機会を与えるなど、幾層もの慎重な手続を踏むこととしていること。
⑤ 森林の経営管理が集積され、経営管理実施権の設定を受けた民間事業者による効率的な林業経営が行われることで、不明森林共有者が単独ではなし得なかった採算性の確保が可能となり、当該民間事業者が立木を伐採し、木材を販売した際に生じた利益を分収することで、不明森林共有者は、本来得られないはずの利益を得られる可能性があること。
⑥ 森林、殊に人工林は、適切に経営管理し続けなければ、その財産的価値が劣化する性質を有するところ、当該森林について経営管理が行われることにより、森林の機能が回復し、結果として、財産的価値も回復・増大し、その経営管理に何ら参画しない不明森林共有者にも、裨益すること。
⑦ 仮に不明森林共有者が現れた場合には、以下の措置を講ずることにより、その権利に配慮することとしていること。
ア 市町村が自ら管理を行っている森林については、原則、自由に経営管理権の取消しを可能としていること（法第一三条第一項）。
イ 経営管理実施権が民間事業者に設定されている森林であっても、
㋐ 経営管理実施権の設定を受けている民間事業者の同意がある場合は、もちろんのこと

㋑　予見し難い経済情勢の変化その他やむを得ない事情がある場合にも、当該民間事業者に対する補償を行った上で、それぞれ経営管理権の取消しを可能としていること（法第一四条第一項）。

（経営管理権集積計画の取消し）

第十三条　前条の規定により経営管理権集積計画に同意したものとみなされた森林所有者（次条第一項に規定するものを除く。）は、農林水産省令で定めるところにより、市町村の長に対し、当該経営管理権集積計画のうち当該森林所有者に係る部分を取り消すべきことを申し出ることができる。

2　市町村の長は、前項の規定による申出があったときは、当該申出の日から起算して二月を経過した日以後速やかに、当該経営管理権集積計画のうち当該森林所有者に係る部分を取り消すものとする。

第十四条　第十二条の規定により経営管理権集積計画に同意したものとみなされた森林所有者（その権原に属する森林のうち当該同意に係るものについて第三十七条第二項の規定により経営管理実施権が設定されているものに限る。）は、次の各号のいずれかに該当する場合には、農林水産省令で定めるところにより、市町村の長に対し、当該経営管理権集積計画のうち当該森林所有者に係る部分を取り消すべきことを申し出ることができる。

一　経営管理権集積計画のうち当該森林所有者に係る部分の取消しについて、当該部分に係る経営管理権に基づく経営管理実施権の設定を受けている民間事業者の承諾を得た場合

二　予見し難い経済情勢の変化その他経営管理権集積計画のうち当該森林所有者に係る部分を取り消すことについてやむを得ない事情があり、かつ、当該部分に係る経営管理権に基づく経営管理実施権の設定を受けている民間事業者に対し、当該森林所有者が通常生ずべき損失の補償をする場合

2　前条第二項の規定は、前項の規定による申出があった場合について準用する。

【施行規則】

（共有者不明森林に係る経営管理権集積計画の取消しの申出）
第十二条　法第十三条第一項及び第十四条第一項の規定による申出は、次に掲げる事項を記載した申出書を提出してするものとする。
一　申出者の氏名又は名称及び住所
二　当該申出に係る共有者不明森林の所在、地番、地目及び面積
三　当該申出の理由

本条は、不明森林共有者が同意したものとみなされた経営管理権集積計画の取消しについて定めている。

一　共有者不明森林に係る経営管理権集積計画の取消しの申出

法第一二条の規定により不明森林共有者が同意したものとみなして経営管理権集積計画を定め、市町村が共有者不明森林の経営管理権を取得することは、林業経営の効率化及び森林の管理の適正化という法目的の達成に資するものである一方、不明森林共有者の財産権を制限するものであることから、法目的の達成と不明森林共有者の権利保護との均衡を図るための措置として、一定の条件に該当する場合には、不明森林共有者は、同意したものとみなされた経営管理権集積計画の取消しを申し出ることができるものとされている。なお、市町村に経営管理権が設定された共有者不明森林は、市町村による経営管理が行われているものと、経営管理実施権の設定を受けている民間事業者による経営管理が行われているものとがあることを踏まえて、それぞれに対応した措置を講ずるものとされている。

(一)　市町村による経営管理が行われている森林について（法第一三条第一項）

法第一二条の規定により経営管理権集積計画に同意したものとみなされた不明森林共有者は、当該経営管理権集積計画を取り消すべきことを市町村の長に申し出ることができるものとされている。

これは、林業経営者に経営管理実施権が設定されていない森林に係る取消しについて経営管理権が直ちに消滅したとし

ても、経営管理実施権が設定されている場合とは異なり、消滅により林業経営ができなくなる等の不測の損害を被る者がいないからである。

(二) 経営管理実施権の設定を受けている民間事業者による経営管理が行われている森林について（法第一四条第一項）

法第一二条の規定により経営管理権集積計画に同意したものとみなされた不明森林共有者のうち、その権原に属する森林に経営管理実施権が設定されており、当該森林において経営管理実施権の設定を受けている民間事業者による経営管理が行われているものについては、当該民間事業者の経営の安定性を確保する観点から、次のいずれかに該当する場合に、経営管理権集積計画を取り消すべきことを申し出ることができることとされている。

ア　経営管理権集積計画の取消しについて、当該経営管理実施権の設定を受けている民間事業者の承諾を得た場合

イ　予見し難い経済情勢の変化その他やむを得ない事情があり、当該経営管理実施権の設定を受けている民間事業者に対し、通常生ずべき損失の補償をする場合

ここで、「予見し難い経済情勢の変化その他経営管理権集積計画のうち当該森林所有者に係る部分を取り消すことについてやむを得ない事情」とは、当該経営管理権集積計画の公告後に、当該森林の周辺において公共事業等が計画されたことで当該森林を森林以外の用途に利用することとなった場合等が挙げられる（運用通知第8の4の(1)）。

なお、経営管理実施権の設定を受けている民間事業者が支出した費用の補償の範囲については、当該民間事業者の責めによらない事情により、将来的に伐採等により得られたであろう利益を害することとなるものであることから、通常生ずべき損害である標準投下費用（森林の経営管理に係る標準的な投下費用）のほか、得べかりし利益（その取消しがなかったならば、当該民間事業者が本来得られたはずの利益）も含めることとするのが妥当である。一方、取消しを許容する場合は、予見し難い経済情勢の変化があった場合等に限定しており、このようなやむを得ない事情がある中で実質投下費用（当該民間事業者が実際に投下した費用）まで補償するとなると、不明森林共有者の負担が過度なものとなり、補償を行う不明森林共有者と補償を受ける当該民間事業者の負担について、衡平を欠くこととなる。このため、「通常生ずべき損

失の補償」とは、森林の経営管理に係る標準的な投下費用又は当該森林について経営管理権集積計画の取消しが行われなかった場合に当該民間事業者が本来得られたはずの利益が挙げられる（運用通知第8の4の⑵）。

二　申出書

取消しの申出は、次に掲げる事項を記載した申出書を提出してするものとされている（施行規則第一二条）。

① 申出者の氏名又は名称及び住所

② 当該申出に係る共有者不明森林の所在、地番、地目及び面積

③ 当該申出の理由

三　経営管理権集積計画の取消し（法第一三条第二項、法第一四条第二項）

法第一三条第一項又は法第一四条第二項の規定による取消しの申出があった場合、市町村の長は当該申出に即して経営管理権集積計画のうち当該不明森林共有者に係る部分を取り消すものとされている（法第一三条第二項、法第一四条第二項）。

一方、市町村が経営管理権を取得した共有者不明森林において、市町村森林経営管理事業を実施している場合や、当該共有者不明森林に経営管理実施権が設定されて、当該経営管理実施権の設定を受けている民間事業者による経営管理が行われている場合には、取消しの申出を受けた後、林業機械の撤去、林内の整理等を行うために一定期間をおいて経営管理権集積計画の一部を取り消すことが望ましい。このため、これらに要する期間として二月を見込み、市町村の長は、取消しの申出の日から起算して二月を経過した日以後速やかに、経営管理権集積計画のうち、当該不明森林共有者に係る部分を取り消すものとされている。

（経営管理権集積計画の取消しの公告）

第十五条　市町村は、第十三条第二項（前条第二項において準用する場合を含む。次項において同じ。）の規定による取消しをしたときは、農林水産省令で定めるところにより、遅滞なく、その旨を公告するものとする。

2　前項の規定による公告があったときは、経営管理権集積計画のうち第十三条第二項の規定により取り消された部分に係る経営管理権に係る委託は、解除されたものとみなす。

【施行規則】

（共有者不明森林に係る経営管理権集積計画の取消しの公告）

第十三条　法第十五条第一項の規定による公告については、第七条の規定を準用する。

本法においては、経営管理権の設定が経営管理権集積計画の公告によって設定されるものであることを踏まえ、市町村は、法第一三条又は法第一四条により経営管理権集積計画を取り消したときも同様に、これを公告するものとし（本条第一項）、当該公告があったときは、経営管理権集積計画のうち、取り消された部分に係る経営管理権に係る委託は、解除されたものとみなされる（本条第二項）。

当該公告は、施行規則第七条の規定による公告と同様、経営管理権集積計画のうち当該森林所有者に係る部分を取り消した旨及び当該経営管理権集積計画のうち当該取消しに係る部分について、市町村の公報への掲載、インターネットの利用その他の適切な方法により行うものとされている（施行規則第一三条）。

第二款　確知所有者不同意森林に係る特例（第一六条―第二三条）

今般創設することとしている森林経営管理制度において、経営管理権集積計画は、集積計画対象森林に係る使用及び収益を目的とする権利を有する者の全部の同意が得られているものでなければならないものとされている。

この点、森林所有者（数人の共有に属する森林にあっては、その森林所有者のうち知れている者。以下「確知森林所有者」という。）の中には、自ら経営管理を行うため経営管理権集積計画に不同意という意向を示したにもかかわらずその後経営管理を実施しない者、経営管理権集積計画への同意・不同意すら明らかにしないような者等が存在することが想定される。

このように、集積計画対象森林のうちに、森林所有者が同意しないもの（以下「確知森林所有者不同意森林」という。）がある場合、経営管理権集積計画はその策定要件を満たすことができないため、当該確知森林所有者不同意森林のみならずその他の集積計画対象森林についても市町村は経営管理権を取得することができなくなることから、これに対処するための経営管理権集積計画の作成手続の特例が措置されている。

（同意の勧告）

第十六条　市町村が経営管理権集積計画を定める場合において、集積計画対象森林のうちに、その森林所有者（数人の共有に属する森林にあっては、その森林所有者のうち知れている者。以下「確知森林所有者」という。）が当該経営管理権集積計画に同意しないもの（以下「確知所有者不同意森林」という。）があるときは、当該市町村の長は、農林水産省令で定めるところにより、当該確知森林所有者に対し、当該経営管理権集積計画に同意すべき旨を勧告することができる。

【施行規則】

（同意の勧告）

第十四条　法第十六条の規定による勧告は、当該経営管理権集積計画を添付して、当該経営管理権集積計画に同意すべき理由及び当該勧告をした日から起算して二月以内に当該経営管理権集積計画に同意しないときは法第十七条の規定により当該勧告をした市町村の長が都道府県知事の裁定を申請することがある旨を記載した書面により行うものとする。

一　確知所有者不同意森林について

市町村が経営管理権集積計画を定める場合において、集積計画対象森林のうちに、確知所有者不同意森林があるときは、当該市町村の長は、当該確知森林所有者に対し、当該経営管理権集積計画に同意すべき旨を勧告することができる。

ここで、勧告の対象となる「森林所有者が当該経営管理権集積計画に同意しないもの」は、市町村が経営管理意向調査を行ったにもかかわらず確知森林所有者が経営管理の意向を示さない森林又は確知森林所有者が自ら経営管理を実施する旨の意向を示したにもかかわらずその後経営管理を実施していない森林であり、かつ市町村が経営管理権集積計画を定めることについて確知森林所有者が同意しない森林とされている（運用通知第９の１）。

なお、市町村は、確知所有者不同意森林について経営管理権集積計画を定めるときは、当該森林の確知森林所有者と当該計画の内容について協議することができないため、経営管理の内容については、森林の現況、経営管理の状況等を勘案し、法目的の達成のために必要と認められる最小限のものであるとともに、森林法第一〇条の五に規定する市町村森林整備計画に定める標準的な方法を記載するものとされている（運用通知第９の２）。

二　同意の勧告

経営管理権集積計画に同意すべき旨の勧告を受けた確知森林所有者が当該経営管理権集積計画に同意すべきか判断するに当たっては、同意すべき理由及び同意しないときに行われる措置に関する情報が重要となることから、当該勧告は、当該経営管理権集積計画を添付して、当該経営管理権集積計画に同意すべき理由及び当該勧告をした日から起算して二月以内に当該経営管理権集積計画に同意しないときは法第一七条の規定により当該勧告をした市町村の長が都道府県知事の裁定を申請することがある旨を記載した書面により行うものとされている（施行規則第一四条）。

なお、当該同意の勧告は、確知森林所有者が法第三条第一項に基づく責務を果たしていない場合であることが前提となることから、市町村は、勧告を行う前に当該確知森林所有者の意向等を適確に把握し、その意向等に沿って経営管理を実施するよう当該確知森林所有者に対して促すとともに、それでもなお当該確知森林所有者が経営管理を行わない場合であって、かつ、当該森林について経営管理権集積計画を定めることが必要かつ適当と考えられる場合には、当該経営管理権集積計画について当該確知森林所有者の同意が得られるよう十分に努めるものとされている（運用通知第9の3）。これらを踏まえてもなお、確知森林所有者の同意が得られない場合には、勧告すべき事項について十分な検討を行い、現地調査等により森林の状況を十分考慮し、周辺の森林の経営管理への影響等を勘案した上で勧告するものとされている（運用通知第9の3）。

（裁定の申請）

第十七条　市町村の長が前条の規定による勧告をした場合において、当該勧告をした日から起算して二月以内に当該勧告を受けた確知森林所有者が経営管理権集積計画に同意しないときは、当該市町村の長は、当該勧告をした日から起算して六月以内に、農林水産省令で定めるところにより、都道府県知事の裁定を申請することができる。

【施行規則】

（確知所有者不同意森林に関する裁定の申請）

第十五条　法第十七条の規定による申請は、次に掲げる事項を記載した申請書を提出してするものとする。

一　当該申請に係る確知所有者不同意森林の所在、地番、地目及び面積

二　当該申請に係る確知所有者不同意森林についての経営管理の現況

三　希望する経営管理権集積計画の内容

四　その他参考となるべき事項

一　裁定の申請

市町村の長は法第一六条の勧告をした場合において、当該勧告をした日から起算して二月以内に当該勧告を受けた確知森林所有者が経営管理権集積計画に同意しないときは、当該市町村の長は、当該勧告をした日から起算して六月以内に、都道府県知事の裁定を申請することができる。

確知森林所有者による勧告の受諾を市町村が勧告をした日から二月以内とされているのは、確知森林所有者は、当該勧

告の内容、当該確知森林所有者が行う経営管理の状況及びその見通し等を総合的に勘案した上で、勧告に従うか従わないかの判断を行うため、これには相当の期間を要すると考えられるためである。また、裁定を申請できる期間については、

① 安定的な経営管理を行うため、市町村と当該確知森林所有者の間で十分に協議を行い、合意形成を行うためには、一定程度の長期にわたる期間を設定する必要がある一方、

② 申請期間に期限を設けないことは、当該確知森林所有者にとって、裁定の可能性をいつまでも排除できず、自らの所有する森林が不安定な地位に置かれることになる

ことから、裁定の申請は、勧告をした日から六月以内とされている。

二　裁定の申請書

都道府県知事は、市町村の申請に係る確知所有者不同意森林について、

① 現に経営管理が行われておらず、かつ、

② 法第一八条第一項の意見書の内容、当該確知所有者不同意森林の自然的経済的社会的諸条件、その周辺の地域における土地の利用の動向その他の事情を勘案して、当該確知所有者不同意森林の経営管理権を当該申請をした市町村に集積することが必要かつ適当であると認める場合

には、裁定をするものとされていることから、当該申請においては、①及び②の事項を判断するために必要な情報（当該申請後に確知森林所有者が提出する法第一八条第一項の意見書を除く。）が示される必要がある。このため、当該申請は次に掲げる事項を記載した申請書を提出してするものとされている（施行規則第一五条）。

ア　当該申請に係る確知所有者不同意森林の所在、地番、地目及び面積

イ　当該申請に係る確知所有者不同意森林についての経営管理の現況

ウ　希望する経営管理権集積計画の内容

エ　その他参考となるべき事項

法第一六条の規定による勧告の後、当該勧告を受けた確知森林所有者が当該森林の経営管理について方針を示した場合、法第一九条第一項の規定による都道府県知事の裁定によらずとも経営管理が確保される可能性があることから、市町村は、法第一七条の規定による都道府県知事の裁定を申請しないものとされている（運用通知第9の4の⑵）。

（意見書の提出）

第十八条　都道府県知事は、前条の規定による申請があったときは、当該申請をした市町村が希望する経営管理権集積計画の内容を当該申請に係る確知所有者不同意森林の確知森林所有者に通知し、二週間を下らない期間を指定して意見書を提出する機会を与えるものとする。

2　前項の意見書を提出する確知森林所有者は、当該意見書において、当該確知森林所有者の有する権利の種類及び内容、同項の経営管理権集積計画の内容に同意しない理由その他の農林水産省令で定める事項を明らかにしなければならない。

3　都道府県知事は、第一項の期間を経過した後でなければ、裁定をしないものとする。

【施行規則】

（意見書）

第十六条　法第十八条第二項の農林水産省令で定める事項は、次に掲げる事項とする。

一　意見書を提出する者の氏名又は名称及び住所

二　第一号に規定する者の有する権利の種類及び内容

三　第一号に規定する者が当該経営管理権集積計画の内容に同意しない理由

四　第一号に規定する者の当該確知所有者不同意森林の利用の状況及び利用計画

五　意見の趣旨及びその理由

六　その他参考となるべき事項

都道府県知事は、法第一七条の申請があったときは、当該申請をした市町村が希望する経営管理権集積計画の内容を当該申請に係る確知所有者不同意森林の確知森林所有者に対して通知し、二週間を下らない期間を指定して意見書を提出する機会を与えるものとされている（本条第一項）。

当該意見書の提出は、裁定により使用及び収益をすることができなくなる確知森林所有者の権利に配慮し、当該確知森林所有者が市町村に対する意見を準備するために措置するものであることから、その提出期間については、準備を行うに当たり必要十分な期間になるよう、二週間を下らない期間とされている。

当該意見書は、法第一七条に規定する裁定の申請と同様、都道府県知事が当該確知所有者不同意森林の経営管理権を当該申請をした市町村に集積することが必要かつ適当かどうかを判断する際に勘案するもののため、当該意見書においては、当該確知森林所有者の有する権利の種類及び内容、当該確知森林所有者が同意しない理由、当該確知所有者不同意森林の利用計画等を明らかにする必要があることから、次に掲げる事項を記載するものとされている（本条第二項、施行規則第一六条）。

ア　意見書を提出する者の氏名又は名称及び住所
イ　アに規定する者の有する権利の種類及び内容
ウ　アに規定する者が当該経営管理権集積計画の内容に同意しない理由
エ　アに規定する者の当該確知所有者不同意森林の利用の状況及び利用計画
オ　意見の趣旨及びその理由
カ　その他参考となるべき事項

なお、都道府県知事は、本条第一項の期間を経過した後でなければ、裁定をしないものとされている（本条第三項）。

（裁定）

第十九条　都道府県知事は、第十七条の規定による申請に係る確知所有者不同意森林について、現に経営管理が行われておらず、かつ、前条第一項の意見書の内容、当該確知所有者不同意森林の自然的経済的社会的諸条件、その周辺の地域における土地の利用の動向その他の事情を勘案して、当該確知所有者不同意森林の経営管理権を当該申請をした市町村に集積することが必要かつ適当であると認める場合には、裁定をするものとする。

2　前項の裁定においては、次に掲げる事項を定めるものとする。

一　確知所有者不同意森林の所在、地番、地目及び面積

二　確知所有者不同意森林の確知森林所有者の氏名又は名称及び住所

三　市町村が設定を受ける経営管理権の始期及び存続期間

四　市町村が設定を受ける経営管理権に基づいて行われる経営管理の内容

五　販売収益から伐採等に要する経費を控除してなお利益がある場合において確知森林所有者に支払われるべき金銭の額の算定方法並びに当該金銭の支払の時期、相手方及び方法

六　確知所有者不同意森林について権利を設定し、又は移転する場合には、あらかじめ、市町村にその旨を通知しなければならない旨の条件

七　第三号に規定する存続期間の満了時及び第九条第二項、第十五条第二項又は第二十三条第二項の規定によりこれらの規定に規定する委託が解除されたものとみなされた時における清算の方法

八　その他農林水産省令で定める事項

3　第一項の裁定は、前項第一号、第三号及び第四号に掲げる事項については申請の範囲を超えないものとし、同項第三号に規定する存続期間については五十年を限度として定めるものとする。

【施行規則】

（確知所有者不同意森林に関する裁定において定めるべき事項）

第十七条　法第十九条第二項第八号の農林水産省令で定める事項は、市町村が設定を受ける経営管理権及び森林所有者が設定を受ける経営管理受益権の条件その他経営管理権及び経営管理受益権の設定に係る法律関係に関する事項（同項第三号から第五号まで及び第七号に掲げる事項を除く。）とする。

一　裁定

都道府県知事は、現に経営管理が行われておらず、意見書の内容、当該森林の自然的経済的社会的諸条件、当該森林の周辺の地域における土地の利用の動向その他の事情を勘案して、当該確知所有者不同意森林の経営管理権を当該申請をした市町村に集積することが必要かつ適当であると認める場合には、裁定をするものとされている（本条第一項）。

ここで、「現に経営管理が行われておらず、かつ、前条第一項の意見書の内容、当該確知所有者不同意森林の自然的経済的社会的諸条件、その周辺の地域における土地の利用の動向その他の事情を勘案して、当該確知所有者不同意森林の経営管理権を当該申請をした市町村に集積することが必要かつ適当であると認める場合」は、

①　森林法第一〇条の五に規定する市町村森林整備計画に定められた標準的な施業方法から著しく逸脱しているにもかかわらず施業が実施されておらず、かつ、

②　経営管理意向調査により経営管理を行う意思がない場合又は示された施業予定に沿って施業が実施されておらず、市町村の長の勧告に対しても正当な理由無く応じなかった場合であって、

③　当該森林の森林資源の状況、路網整備の状況、当該森林の周辺の地域における森林の経営管理及びその集積・集約化の状況、周辺の森林所有者等が集積・集約の意向を有しているか、確知森林所有者からの意見書により提出された施業

予定が適切か、森林としての利用以外の土地の利用を計画しているときは森林法第一〇の二の規定による開発行為の許可の申請等が適切になされているか

等の事情を勘案して、市町村に経営管理権を設定することが必要かつ適当であると認める場合が挙げられる（運用通知第9の4の(3)）。

二　裁定において定めるべき事項

この裁定においては、経営管理権集積計画の記載事項と同様に、次の事項を定めるものとされている（本条第二項）。

ア　確知所有者不同意森林の所在、地番、地目及び面積
イ　確知所有者不同意森林の確知森林所有者の氏名又は名称及び住所
ウ　市町村が設定を受ける経営管理権の始期及び存続期間
エ　市町村が設定を受ける経営管理権に基づいて行われる経営管理の内容
オ　販売収益から伐採等に要する経費を控除してなお利益がある場合において確知森林所有者に支払われるべき金銭の額の算定方法並びに当該金銭の支払の時期、相手方及び方法
カ　権利を設定し、又は移転する場合には、あらかじめ、市町村にその旨を通知しなければならない旨の条件
キ　ウの存続期間の満了時及び経営管理権集積計画の取消しにより委託が解除されたものとみなされた時における清算の方法
ク　市町村が設定を受ける経営管理権及び森林所有者が設定を受ける経営管理受益権の条件その他経営管理権及び経営管理受益権の設定に係る法律関係に関する事項（ウからオまで及びキに掲げる事項を除く。）（施行規則第一七条）

なお、ア、ウ及びエについては、申請の範囲を超えないものとし、ウの存続期間については、五〇年を限度として定めるものとされている（本条第三項）。

裁定により市町村が設定を受ける経営管理権の存続期間については、森林の生育に要する期間、周辺の地域における土

地の利用の動向その他の事情を勘案して、裁定による経営管理権に基づき経営管理実施権の設定を受けた民間事業者が安定的に経営管理を行うのに必要な期間とする必要がある。確知森林所有者の直接の同意を得ることなく、存続期間に上限のない経営管理権を設定することは、確知森林所有者の財産権に対する制約の程度が大きい一方で、経営管理権の存続期間の上限が短すぎると、経営管理実施権の設定を受けている民間事業者が安定した経営管理を行うことができない。このため、両者の均衡を図る観点から、伐採、造林及び保育という森林資源の循環が最低限一巡する五〇年が経営管理権の存続期間の上限とされている。このため、裁定に当たっては、都道府県知事は、この五〇年の範囲内で、森林の生育状況のほか、周辺土地の利用状況等を考慮して、森林以外の用途として利用されることが見込まれない期間を見極めた上で、必要な範囲内での期間設定を義務付けることとなる。

（裁定に基づく経営管理権集積計画）

第二十条　都道府県知事は、前条第一項の裁定をしたときは、農林水産省令で定めるところにより、遅滞なく、その旨を当該裁定の申請をした市町村の長及び当該裁定に係る確知所有者不同意森林の確知森林所有者に通知するものとする。当該裁定についての審査請求に対する裁決によって当該裁定の内容が変更されたときも、同様とする。

2　前項の規定による通知を受けた市町村は、速やかに、前条第一項の裁定（前項後段に規定するときにあっては、裁決によるその内容の変更後のもの）において定められた同条第二項各号に掲げる事項を内容とする経営管理権集積計画を定めるものとする。

3　前項の規定により定められた経営管理権集積計画については、確知森林所有者は、これに同意したものとみなす。

【施行規則】

（確知所有者不同意森林に関する裁定の通知）

第十八条　法第二十条第一項の規定による通知は、法第十九条第二項各号に掲げる事項、当該裁定の理由その他必要な事項を記載した書面によりするものとする。

一　確知所有者不同意森林に関する裁定に基づく経営管理権集積計画

都道府県知事は、法第一九条第一項の裁定をしたときは、遅滞なく、その旨を当該裁定の申請をした市町村の長及び当該裁定に係る確知所有者不同意森林の確知森林所有者に通知するものとされている（本条第一項）。

申請をした市町村の長及び当該裁定に係る確知所有者不同意森林の確知森林所有者に対しては、両者が提出した申請書及び意見書の内容がどのように斟酌されたかを明らかにする必要があることから、当該通知は、法第一九条第二項各号に掲げる事項、当該裁定の理由その他必要な事項を記載した書面により行うものとされている（施行規則第一八条）。

都道府県知事から通知を受けた市町村は、当該裁定において定められた事項を内容とする経営管理権集積計画を定めるものとし（本条第二項）、これにより定められた経営管理権集積計画については、確知森林所有者は、これに同意したものとみなされる（本条第三項）。

二　確知所有者不同意森林に係る経営管理権集積計画の同意手続の特例と憲法第二九条との関係について

確知所有者同意森林に係る経営管理権集積計画の同意手続の特例措置は、当該計画に同意しなかった確知森林所有者にとっては、財産権に対する不当な制約になるとの考えもあり得るところである。

しかしながら、このような措置を設けることとしても、以下の理由から、確知森林所有者の権利を不当に制約するものではなく、憲法第二九条に違反するものではないと考えられる。

① 森林は、木材の生産以外に、国土の保全、水源の涵養、二酸化炭素の吸収等の多面的機能を有しており、適切な経営管理により、多面的機能の維持増進を図ることが重要であること。

② 我が国において、森林は、起伏や傾斜のある山地に存在していることが多く、土地を森林以外の用途に供することは、事実上極めて困難であり、一般に、森林は森林として利用するほかないものであること。

③ 今般の措置は、森林を森林として維持・利用すべき区域にあるにもかかわらず、適切な経営管理がなされない森林について、多面的機能の発揮を図るため、やむを得ず公的主体である市町村が確知森林所有者から確知所有者不同意森林の経営管理権を取得するものであり、公益性の高いものであること。

④ 今般の措置においては、確知森林所有者に対して、

ア　裁定の前に、経営管理意向調査、経営管理権集積計画に同意すべき旨の勧告を行い、

イ　裁定に当たっては、意見書を提出する機会も与える

など、幾層もの慎重な手続を踏むこととしていること。

⑤　森林の経営管理が集積され、経営管理実施権の設定を受けた民間事業者による効率的な林業経営が行われることで、確知森林所有者が単独ではなし得なかった採算性の確保が可能となり、当該民間事業者が立木を伐採し、木材を販売した際に生じた利益を分収することで、確知森林所有者は、本来得られないはずの利益を得られる可能性があること。

⑥　森林、殊に人工林は、適切に経営管理し続けなければ、その財産的価値が劣化する性質を有するところ、当該確知所有者不同意森林について経営管理が行われることにより、森林の機能が回復し、結果として、財産的価値も回復・増大し、その経営管理に何ら参画しない確知森林所有者にも裨益すること。

⑦　経営管理権集積計画の内容に同意しない旨の意見書を提出した確知森林所有者に対しては、以下の措置を講ずることにより、その権利に配慮することとしていること。

ア　市町村が自ら経営管理を行っている森林については、原則森林の機能回復のための一定期間（五年）が経過した後であれば、自由に経営管理権の取消しを可能とすること（法第二一条第二項）。

イ　経営管理実施権が民間事業者に設定されている森林であっても、

㋐　経営管理実施権の設定を受けている民間事業者の同意がある場合は、もちろんのこと、

㋑　裁定時に予見できなかった事象が生じた場合にも、当該民間事業者に対する補償を行った上で、それぞれ経営管理権の取消しを可能としていること（法第二二条第二項）。

（経営管理権集積計画の取消し）

第二十一条　前条第三項の規定により経営管理権集積計画に同意したものとみなされた森林所有者であって第十八条第一項の経営管理権集積計画の内容に同意しない旨の同項の意見書を提出したもの（次条第一項に規定するものを除く。）は、前条第二項の規定により定められた経営管理権集積計画について第七条第一項の規定による公告があった日から起算して五年を経過したときは、農林水産省令で定めるところにより、市町村の長に対し、当該経営管理権集積計画のうち当該森林所有者に係る部分を取り消すべきことを申し出ることができる。

2　市町村の長は、前項の規定による申出があった場合には、当該申出の日から起算して二月を経過した日以後速やかに、当該経営管理権集積計画のうち当該森林所有者に係る部分を取り消すものとする。

第二十二条　第二十条第三項の規定により経営管理権集積計画に同意したものとみなされた森林所有者であって第十八条第一項の経営管理権集積計画の内容に同意しない旨の同項の意見書を提出したもの（その権原に属する森林のうち第二十条第二項の規定により定められた経営管理権集積計画に係るものについて第三十七条第二項の規定により経営管理実施権が設定されているものに限る。）は、次の各号のいずれかに該当する場合には、農林水産省令で定めるところにより、市町村の長に対し、当該経営管理権集積計画のうち当該森林所有者に係る部分を取り消すべきことを申し出ることができる。

一　経営管理権集積計画のうち当該森林所有者に係る部分の取消しについて、当該部分に係る経営管理権に基づく経営管理実施権の設定を受けている民間事業者の承諾を得た場合

二　予見し難い経済情勢の変化その他経営管理権集積計画のうち当該森林所有者に係る部分を取り消すことについてやむを得ない事情があり、かつ、当該部分に係る経営管理権に基づく経営管理実施権の設定を受けている民間事業者に対し、当該森林所有者が通常生ずべき損失の補償をする場合

2　前条第二項の規定は、前項の規定による申出があった場合について準用する。

【施行規則】
（確知所有者不同意森林に係る経営管理権集積計画の取消しの申出）
第十九条　法第二十一条第一項及び第二十二条第一項の規定による申出については、第十二条の規定を準用する。

本条は、確知森林所有者が同意したものとみなされた経営管理権集積計画の取消しについて定めている。

一　確知所有者不同意森林に係る経営管理権集積計画の取消しの申出

裁定により市町村が森林所有者から経営管理権を取得することは、林業経営の効率化及び森林の管理の適正化という法目的の達成に資するものである一方、森林所有者の財産権を制限するものであることから、法目的の達成と森林所有者の権利保護との均衡を図るための措置として、一定の条件に該当する場合には、森林所有者は裁定に係る経営管理権集積計画の取消しを申し出ることを可能としている。なお、裁定により市町村に経営管理権が設定された森林は、市町村による経営管理が行われているものと、経営管理実施権の設定を受けた民間事業者による経営管理が行われているものとがあることを踏まえて、それぞれに対応した措置を講ずることとされている。

㈠　市町村による経営管理が行われている森林について（法第二一条第一項）

法第二〇条の規定により定められた経営管理権集積計画に同意したとみなされた確知森林所有者であって、法第一八条第一項の規定により通知された経営管理権集積計画に同意しない旨の意見書を提出したものは、法第二〇条により定められた経営管理権集積計画の公告から五年を経過したときは、当該経営管理権集積計画を取り消すべきことを市町村の長に申し出ることができるものとされている。なお、法第一八条第一項により通知された経営管理権集積計画に同意しない旨の意見書を提出しなかった者については、経営管理権の存続期間等を含む当該経営管理権集積計画の内容に納得したものと考えられることから、法第二〇条により定められた経営管理権集積計画を取り消すべき旨の申出をできる者とはされていない。

ここで、裁定の対象となる森林は現に経営管理が行われていないものであるため、森林の持つ多面的機能の発揮に支障が生じている状態と考えられ、その機能が回復したといえる状態は、

① 造林を実施する場合においては、下刈りが完了し、苗木が自力で成長できるようになるまで

② 保育又は間伐を実施する場合においては、下草が適切に生える等下層植生が回復して、土壌の栄養分が流出しなくなるまで

と考えられ、それぞれ概ね五年程度の期間を要することから、確知森林所有者からの経営管理権集積計画の取消しの申出は、当該経営管理権集積計画の公告から五年を経過した後できるものとされている。

(二) 経営管理実施権の設定を受けた民間事業者による経営管理が行われている森林について（法第二二条第一項）

法第二〇条の規定により定められた経営管理権集積計画に同意したとみなされた確知森林所有者であって、法第一八条第一項の規定により通知された経営管理権集積計画に同意しない旨の意見書を提出したもののうち、その権原に属する森林に経営管理実施権が設定されており、当該森林において経営管理実施権の設定を受けた民間事業者による経営管理が行われているものについては、当該民間事業者の経営の安定性を確保する観点から、次のいずれかに該当する場合に、経営管理権集積計画を取り消すべきことを申し出ることができることとする。

ア 経営管理権集積計画の取消しについて、当該経営管理実施権の設定を受けている民間事業者の承諾を得た場合

イ 予見し難い経済情勢の変化その他やむを得ない事情があり、当該経営管理実施権の設定を受けている民間事業者に対し、通常生ずべき損失の補償をする場合

ここで、「予見し難い経済情勢の変化その他経営管理権集積計画のうち当該森林所有者に係る部分を取り消すことにつ

いてやむを得ない事情」とは、当該経営管理権集積計画の公告後に、当該森林の周辺において公共事業等が計画されたことで当該森林を森林以外の用途に利用することとなった場合等が挙げられる（運用通知第9の5の⑴）。

なお、経営管理実施権の設定を受けている民間事業者が支出した費用の補償の範囲については、共有者不明森林に係る特例における考え方と同様であり（詳細は法第一四条第一項に係る記載を参照）、「通常生ずべき損失の補償」とは、森林の経営管理に係る標準的な投下費用又は当該森林について経営管理権集積計画の取消しが行われなかった場合に当該民間事業者が本来得られたはずの利益が挙げられる（運用通知第9の5の⑵）。

二　申出書

取消しの申出は、共有者不明森林に係る特例における取消しの申出と同様、次に掲げる事項を記載した申出書を提出してするものとされている（施行規則第一九条）。

①　申出者の氏名又は名称及び住所

②　当該申出に係る確知所有者不同意森林の所在、地番、地目及び面積

③　当該申出の理由

三　経営管理権集積計画の取消し（法第二一条第二項、法第二二条第二項）

法第二一条第一項又は法第二二条第一項の規定による取消しの申出があった場合、市町村の長は当該申出に即して経営管理権集積計画のうち当該森林所有者に係る部分を取り消すものとされている。

一方、市町村が経営管理権を取得した森林において、市町村森林経営管理事業を実施している場合や、当該森林に経営管理実施権が設定されて当該経営管理実施権の設定を受けている民間事業者による経営管理が行われている場合には、取消しの申出を受けた後、林業機械の撤去、林内の整理等を行うために一定期間をおいて経営管理権集積計画の一部を取り消すことが望ましい。このため、これらに要する期間として二月を見込み、市町村の長は、取消しの申出の日から起算して二月を経過した日以後速やかに、経営管理権集積計画のうち、当該森林所有者に係る部分を取り消すものとされている。

（経営管理権集積計画の取消しの公告）

第二十三条　市町村は、第二十一条第二項（前条第二項において準用する場合を含む。次項において同じ。）の規定による取消しをしたときは、農林水産省令で定めるところにより、遅滞なく、その旨を公告するものとする。

2　前項の規定による公告があったときは、経営管理権集積計画のうち第二十一条第二項の規定により取り消された部分に係る経営管理権に係る委託は、解除されたものとみなす。

【施行規則】

（確知所有者不同意森林に係る経営管理権集積計画の取消しの公告）

第二十条　法第二十三条第一項の規定による公告については、第七条の規定を準用する。

本法においては、経営管理権が経営管理権集積計画の公告によって設定されるものであることを踏まえ、市町村は、法第二一条又は法第二二条により経営管理権集積計画を取り消したときも同様に、これを公告するものとし、当該公告があったときは、経営管理権集積計画のうち、取り消された部分に係る経営管理権に係る委託は、解除されたものとみなされる。

当該公告は、施行規則第七条の規定による公告と同様、経営管理権集積計画を定めた旨及び当該経営管理権集積計画について、市町村の公報への掲載、インターネットの利用その他の適切な方法により行うものとされている（施行規則第二〇条）。

第三款　所有者不明森林に係る特例（第二四条―第三二条）

森林所有者の不在村化や相続による世代交代等により、所有者不明の森林が増えている中で、共有者の一部を確知できない森林だけでなく、森林所有者の全部を確知できない森林もあることが見込まれる。

このような森林においては、登記名義人が死亡した後、その登記の変更をしないまま相続人の全部が不在村となっている等により、経営管理が全く行われておらず、市町村に集積することが必要かつ適当である蓋然性が高い。

このため、このような森林については、都道府県知事の裁定等の手続を経て、経営管理権集積計画を作成できるような措置が講じられている。

（不明森林所有者の探索）

第二十四条　市町村は、経営管理権集積計画を定める場合において、集積計画対象森林のうちに、その森林所有者（数人の共有に属する森林にあっては、その森林所有者の全部。次条第二号において同じ。）を確知することができないもの（以下「所有者不明森林」という。）があるときは、相当な努力が払われたと認められるものとして政令で定める方法により、確知することができない森林所有者（以下「不明森林所有者」という。）の探索を行うものとする。

【施行令】

（不明森林所有者等の探索の方法）

第二条　法第二十四条及び第四十三条第一項第二号の政令で定める方法については、前条の規定を準用する。

【施行規則】

（不明森林所有者関連情報等を保有すると思料される者等）

第二十一条　第八条の規定は、令第二条において準用する令第一条第二号の農林水産省令で定める者について、第九条の規定は、令第二条において準用する令第一条第四号の農林水産省令で定める措置について、第十条の規定は、令第二条において準用する令第一条第五号の農林水産省令で定める措置について、それぞれ準用する。

一　所有者不明森林について

市町村は、経営管理権集積計画を定める場合において、所有者不明森林（その森林所有者（数人の共有に属する森林にあっては、その森林所有者の全部）を確知することができないものをいう。以下同じ。）がある場合は、政令で定める方法により不明森林所有者（確知することができない森林所有者をいう。以下同じ。）の探索を行うものとされている。ここで、「森林所有者を確知することができないもの」は、市町村による経営管理意向調査により森林所有者が不明であることが明らかとなった森林とされている（運用通知第10の1の(1)）。「森林所有者が不明であることが明らかとなった森林」は、森林法第一九一条の四の規定による林地台帳に記載された森林所有者に対して経営管理意向調査を実施したものの返答がない場合等、森林所有者が所在不明であることが明らかになった森林が挙げられる（運用通知第10の1の(2)）。

なお、所有者不明森林で定めようとする経営管理権集積計画の内容について市町村は、所有者不明森林で経営管理権集積計画を定めるときは、当該森林の森林所有者と当該計画の内容について協議することができないため、経営管理の内容については、森林の現況、経営管理の状況等を勘案し、法目的の達成のために必要と認められる最小限のものであるとともに、森林法第一〇条の五に規定する市町村森林整備計画に定める標準的な方法を記載するものとされている（運用通知第10の2）。

二　探索について（施行令第二条）

不明森林所有者の探索の方法は、不明森林共有者の探索の方法が準用されている（詳細は法第一〇条に係る記載を参照）。

（所有者不明森林に係る公告）
第二十五条　市町村は、前条の探索を行ってもなお不明森林所有者を確知することができないときは、その定めようとする経営管理権集積計画及び次に掲げる事項を公告するものとする。
一　所有者不明森林の所在、地番、地目及び面積
二　所有者不明森林の森林所有者を確知することができない旨
三　不明森林所有者は、公告の日から起算して六月以内に、農林水産省令で定めるところにより、その権原を証する書面を添えて市町村に申し出るべき旨
四　前号に規定する期間内に同号の規定による申出がないときは、所有者不明森林について、都道府県知事が第二十七条第一項の裁定をすることがある旨
五　所有者不明森林について、経営管理権集積計画の定めるところにより、市町村が経営管理権の設定を、森林所有者が経営管理受益権の設定を受ける旨
六　前号に規定する経営管理権に基づき、所有者不明森林について次のいずれかが行われる旨
イ　第三十三条第一項に規定する市町村森林経営管理事業の実施による経営管理
ロ　第三十五条第一項の経営管理実施権配分計画による経営管理実施権の設定及び当該経営管理実施権に基づく民間事業者による経営管理
七　所有者不明森林についての次に掲げる事項
イ　第五号に規定する経営管理権の始期及び存続期間
ロ　第五号に規定する経営管理権に基づいて行われる経営管理の内容
ハ　販売収益から伐採等に要する経費を控除してなお利益がある場合において供託されるべき金銭の額の算定方法

　及び当該金銭の供託の時期
二　イに規定する存続期間の満了時及び第九条第二項又は第三十二条第二項の規定によりこれらの規定に規定する委託が解除されたものとみなされた時における清算の方法
八　その他農林水産省令で定める事項

【施行規則】

（不明森林所有者の申出）

第二十二条　法第二十五条第三号の規定による申出は、次に掲げる事項を記載した申出書を提出してするものとする。
一　申出者の氏名又は名称及び住所
二　当該申出に係る所有者不明森林の所在、地番、地目及び面積
（所有者不明森林の公告において定めるべき事項）
第二十三条　法第二十五条第八号の農林水産省令で定める事項は、市町村が設定を受ける経営管理権及び森林所有者が設定を受ける経営管理受益権の条件その他経営管理権及び経営管理受益権の設定に係る法律関係に関する事項（同条第七号イからニまでに掲げる事項を除く。）とする。

市町村は、法第二四条の探索を行ってもなお不明森林所有者を確知することができないときは、市町村の定めようとする経営管理権集積計画及び不明森林所有者の同意を擬制するために必要な情報として本条第一号から第八号までに掲げる事項を公告するものとされている。なお、公告事項の考え方は不明森林共有者が確知できないときの公告と同様である（詳細は法第一一条に係る記載を参照）。

本条第三号の規定による申出は、権原を証する書面を添えて、次に掲げる事項を記載した申出書を提出してするものとされている（施行規則第二二条）。

ア　申出者の氏名又は名称及び住所

イ　当該申出に係る所有者不明森林の所在、地番、地目及び面積

なお、当該申出に当たっては、不明森林所有者が当該所有者不明森林について権原を有していることを証明するため、専門家への相談、関係書類の収集等に相当の期間を要することから、六月以内とされている。

本条第八号の規定により定めるべき事項は、経営管理権集積計画の記載事項と同様、市町村が設定を受ける経営管理権及び森林所有者が設定を受ける経営管理受益権の条件その他経営管理権及び経営管理受益権の設定に係る法律関係に関する事項（同条第七号イからニまでに掲げる事項を除く。）とされている（施行規則第二三条）。

（裁定の申請）
第二十六条　市町村が前条の規定による公告をした場合において、同条第三号に規定する期間内に不明森林所有者から同号の規定による申出がないときは、当該市町村の長は、当該期間が経過した日から起算して四月以内に、農林水産省令で定めるところにより、都道府県知事の裁定を申請することができる。

【施行規則】
（所有者不明森林に関する裁定の申請
第二十四条　法第二十六条の規定による申請については、第十五条を準用する。

一　裁定の申請

市町村が法第二五条の公告をした場合において、法第二五条第三号に定める期間内に不明森林所有者からの申出がないときは、当該市町村の長は、都道府県知事に対し、当該期間が経過した日から起算して四月以内に、都道府県知事の裁定を申請することができる。

裁定の申請にあたっては、

①　市町村の長が、当該所有者不明森林の自然的経済的社会的諸条件、その周辺の地域における土地の利用の動向その他の事情を勘案して、裁定の申請を行うか行わないかの判断を行うためには、一定程度の長期にわたる期間を設定する必要がある一方、

②　不明森林所有者に付与した申出の機会である公告から一定の期間内に申請を行わなければ、時間経過により、森林の

所有形態が変化している可能性があることから、裁定の申請は、法第二五条第三号に定める期間が経過した日から起算して四月以内とされている。

また、森林所有者を確知できる森林については、その森林所有者に対し、法第一六条の同意の勧告がなされ、当該勧告があった日から二月以内に当該勧告を受けた確知森林所有者が当該勧告を受諾しない場合は、市町村の長は、都道府県知事に対し、当該勧告をした日から六月以内に、裁定を申請することができるものとされているところ、森林所有者が不明の場合は、勧告を受諾する相手方が存在しないことから、「六月」から「二月」を差し引いて「四月」とされている。

二　裁定の申請書

都道府県知事は、市町村の申請に係る所有者不明森林について、

① 現に経営管理が行われておらず、かつ

② 当該所有者不明森林の自然的経済的社会的諸条件、その周辺の地域における土地の利用の動向その他の事情を勘案して、当該所有者不明森林の経営管理権を当該申請をした市町村に集積することが必要かつ適当であると認める場合には、裁定をするものとされていることから、当該申請においては、①及び②の事項を判断するために必要な情報が示される必要がある。このため、当該申請は次に掲げる事項を記載した申請書を提出してするものとされている(施行規則第二四条)。

ア　当該申請に係る所有者不明森林の所在、地番、地目及び面積

イ　当該申請に係る所有者不明森林についての経営管理の現況

ウ　希望する経営管理権集積計画の内容

エ　その他参考となるべき事項

（裁定）

第二十七条　都道府県知事は、前条の規定による申請に係る所有者不明森林について、現に経営管理が行われておらず、かつ、当該所有者不明森林の自然的経済的社会的諸条件、その周辺の地域における土地の利用の動向その他の事情を勘案して、当該所有者不明森林の経営管理権を当該申請をした市町村に集積することが必要かつ適当であると認める場合には、裁定をするものとする。

2　前項の裁定においては、次に掲げる事項を定めるものとする。

一　所有者不明森林の所在、地番、地目及び面積

二　市町村が設定を受ける経営管理権の始期及び存続期間

三　市町村が設定を受ける経営管理権に基づいて行われる経営管理の内容

四　販売収益から伐採等に要する経費を控除してなお利益がある場合において供託されるべき金銭の額の算定方法及び当該金銭の供託の時期

五　所有者不明森林について権利を設定し、又は移転する場合には、あらかじめ、市町村にその旨を通知しなければならない旨の条件

六　第二号に規定する存続期間の満了時及び第九条第二項又は第三十二条第二項の規定によりこれらの規定に規定する委託が解除されたものとみなされた時における清算の方法

七　その他農林水産省令で定める事項

3　第一項の裁定は、前項第一号から第三号までに掲げる事項については申請の範囲を超えないものとし、同項第二号に規定する存続期間については五十年を限度として定めるものとする。

【施行規則】

（所有者不明森林に関する裁定において定めるべき事項）

第二十五条　法第二十七条第二項第七号の農林水産省令で定める事項は、市町村が設定を受ける経営管理権及び森林所有者が設定を受ける経営管理受益権の条件その他経営管理権及び経営管理受益権の設定に係る法律関係に関する事項（同項第二号から第四号まで及び第六号に掲げる事項を除く。）とする。

一　裁定

都道府県知事は、現に経営管理が行われておらず、当該所有者不明森林の自然的経済的社会的諸条件、その周辺の地域における土地の利用の動向その他の事情を勘案して、当該所有者不明森林の経営管理権を当該申請をした市町村に集積することが必要かつ適当であると認める場合には、裁定をするものとされている（本条第一項）。

ここで、「現に経営管理が行われておらず、かつ、当該所有者不明森林の自然的経済的社会的諸条件、その周辺の地域における土地の利用の動向その他の事情を勘案して、当該所有者不明森林の経営管理権を当該申請をした市町村に集積することが必要かつ適当であると認める場合」は、

①　森林法第一〇条の五に規定する市町村森林整備計画に定められた標準的な施業方法から著しく逸脱しているにもかかわらず施業が実施されておらず、かつ、

②　実際に経営管理を実施している者がいないことが法第二四条に規定する探索により明らかである場合であって、

③　当該森林の森林資源の状況、路網整備の状況、当該森林の周辺の地域における森林の経営管理及びその集積・集約化の状況、周辺の森林所有者等が集積・集約の意向を有しているか

等の事情を勘案して、市町村に経営管理権を設定することが必要かつ適当であると認める場合が挙げられる（運用通知第10の

4の(1)）。

二　裁定において定めるべき事項

この裁定においては、経営管理権集積計画の記載事項と同様に、次の事項を定めるものとされている（本条第二項）。

ア　所有者不明森林の所在、地番、地目及び面積

イ　市町村が設定を受ける経営管理権の始期及び存続期間

ウ　市町村が設定を受ける経営管理権に基づいて行われる経営管理の内容

エ　販売収益から伐採等に要する経費を控除してなお利益がある場合において供託されるべき金銭の額の算定方法及び当該金銭の供託の時期

オ　所有者不明森林について権利を設定し、又は移転する場合には、あらかじめ、市町村にその旨を通知しなければならない旨の条件

カ　イの存続期間の満了時及び経営管理権集積計画の取消しにより委託が解除されたものとみなされた時における清算の方法

キ　市町村が設定を受ける経営管理権及び森林所有者が設定を受ける経営管理受益権の条件その他経営管理権及び経営管理受益権の設定に係る法律関係に関する事項（イからエまで及びカに掲げる事項を除く。）（施行規則第二五条）

なお、アからウについては、申請の範囲を超えないものとし、イの存続期間については、五〇年を限度として定めるものとされている（本条第三項）。

裁定により市町村が設定を受ける経営管理権の存続期間については、森林の生育に要する期間、周辺の地域における土地の利用の動向その他の事情を勘案して、裁定による経営管理権に基づき経営管理実施権の設定を受けた民間事業者が安定的に経営管理を行うのに必要な期間とする必要がある。不明森林所有者の直接の同意を得ることなく、存続期間に上限のない経営管理権を設定することは、不明森林所有者の財産権に対する制約の程度が大きい一方で、経営管理権の存続期

間の上限が短すぎると、経営管理実施権の設定を受けている民間事業者が安定した経営管理を行うことができない。このため、両者の均衡を図る観点から、伐採、造林及び保育という森林資源の循環が最低限一巡する五〇年が経営管理権の存続期間の上限とされている。このため、裁定に当たっては、都道府県知事は、この五〇年の範囲内で、森林の生育状況のほか、周辺土地の利用状況等を考慮して、森林以外の用途として利用されることが見込まれない期間を見極めた上で、必要な範囲内での期間設定を義務付けることとなる。

（裁定に基づく経営管理権集積計画）

第二十八条　都道府県知事は、前条第一項の裁定をしたときは、農林水産省令で定めるところにより、遅滞なく、その旨を、当該裁定の申請をした市町村の長に通知するとともに、公告するものとする。当該裁定についての審査請求に対する裁決によって当該裁定の内容が変更されたときも、同様とする。

2　前項の規定による通知を受けた市町村は、速やかに、前条第一項の裁定（前項後段に規定するときにあっては、裁決によるその内容の変更後のもの）において定められた同条第二項各号に掲げる事項を内容とする経営管理権集積計画を定めるものとする。

3　前項の規定により定められた経営管理権集積計画については、不明森林所有者は、これに同意したものとみなす。

【施行規則】

（所有者不明森林に関する裁定の通知）

第二十六条　法第二十八条第一項の規定による通知は、法第二十七条第二項各号に掲げる事項、当該裁定の理由その他必要な事項を記載した書面によりするものとする。

2　法第二十八条第一項の規定による公告は、法第二十七条第二項各号に掲げる事項及び当該裁定の理由につきするものとする。

都道府県知事は、法第二七条第一項の裁定をしたときは、遅滞なく、その旨を、当該裁定の申請をした市町村の長に通知するとともに、公告するものとされている（本条第一項）。当該通知は、市町村の長が行った裁定の申請がどのように斟酌されたか等、裁定に基づく経営管理権集積計画を定めるために必要な情報を明らかにするため、法第二七条第二項各号に掲げる事項、当該裁定の理由その他必要な事項を記載した書面によりするものとされている（施行規則第二六条第一項）。また、当該公告は、所在が不明な森林所有者に通知すべき事項と同様のものを公告する必要があることから、法第二七条第二項各号に掲げる事項及び当該裁定の理由につきするものとされている（施行規則第二六条第二項）。

当該通知を受けた市町村は、当該裁定において定められた事項を内容とする経営管理権集積計画を定めるものとし（本条第二項）、定められた経営管理権集積計画については、不明森林所有者は、これに同意したものとみなされる（本条第三項）。

（供託）

第二十九条　前条第三項の規定により同意したものとみなされた経営管理権集積計画に基づき森林所有者に支払うべき金銭が生じたときは、市町村（当該同意に係る森林について第三十七条第二項の規定により経営管理実施権が設定されている場合にあっては、当該経営管理実施権の設定を受けた民間事業者）は、当該金銭の支払に代えて、当該金銭を供託するものとする。

2　前項の規定による金銭の供託は、当該森林の所在地の供託所にするものとする。

一　森林所有者に支払うべき金銭の供託

裁定により不明森林所有者から経営管理権を取得することは、不明森林所有者の財産権の制限に当たり、当該財産権の制限の程度を合理的な範囲のものとするためには、経営管理実施権の設定を受けた民間事業者が立木の伐採及び木材の販売をした場合に不明森林所有者が得られる経済的利益に相当する金額を当該不明森林所有者が得られるようにすることが相当であるところ、不明森林所有者に対しては、金銭の支払ができないため、市町村（経営管理実施権配分計画が定められた場合には、経営管理実施権の設定を受けた民間事業者）は、裁定において定められた金銭の支払が発生した場合には、その金銭を不明森林所有者のために供託するものとされている（本条第一項）。

二　供託の場所

本条第一項による金銭の供託は、所有者不明森林の所在地の供託所にするものとされている（本条第二項）。この弁済のための供託の場所については、民法第四九五条第一項が「債務の履行地」の供託所に供託しなければならないことを規定しており、金銭債務の債務の履行地については、債務者が債務者の住所において弁済することが原則となる。

しかしながら、本条第一項による金銭の供託については、

① 不確知とはいえ、所有者不明森林の森林所有者は、当該森林の所在地と何かしらの関係があること

② 供託する義務を負う市町村又は民間事業者の利便についても考慮する必要があること

から、供託をすべき供託所については、所有者不明森林の所在地の供託所とされている。

（経営管理権集積計画の取消し）

第三十条　第二十八条第三項の規定により経営管理権集積計画に同意したものとみなされた森林所有者（次条第一項に規定するものを除く。）は、当該経営管理権集積計画について第七条第一項の規定による公告があった日から起算して五年を経過したときは、農林水産省令で定めるところにより、市町村の長に対し、当該経営管理権集積計画のうち当該森林所有者に係る部分を取り消すべきことを申し出ることができる。

2　市町村の長は、前項の規定による申出があった場合には、当該申出の日から起算して二月を経過した日以後速やかに、当該経営管理権集積計画のうち当該森林所有者に係る部分を取り消すものとする。

第三十一条　第二十八条第三項の規定により経営管理権集積計画に同意したものとみなされた森林所有者（その権原に属する森林のうち当該経営管理権集積計画に係るものについて第三十七条第二項の規定により経営管理実施権が設定されているものに限る。）は、次の各号のいずれかに該当する場合には、農林水産省令で定めるところにより、市町村の長に対し、当該経営管理権集積計画のうち当該森林所有者に係る部分を取り消すべきことを申し出ることができる。

一　経営管理権集積計画のうち当該森林所有者に係る部分の取消しについて、当該部分に係る経営管理権に基づく経営管理実施権の設定を受けている民間事業者の承諾を得た場合

二　予見し難い経済情勢の変化その他経営管理権集積計画のうち当該森林所有者に係る部分を取り消すことについてやむを得ない事情があり、かつ、当該部分に係る経営管理権に基づく経営管理実施権の設定を受けている民間事業者に対し、当該森林所有者が通常生ずべき損失の補償をする場合

2　前条第二項の規定は、前項の規定による申出があった場合について準用する。

【施行規則】

（所有者不明森林に係る経営管理権集積計画の取消しの申出）

第二十七条　法第三十条第一項及び第三十一条第一項の規定による申出については、第十二条の規定を準用する。

一　所有者不明森林に係る経営管理権集積計画の取消しの申出

法第二七条の裁定は、第二款の確知所有者の同意が得られない場合の裁定と同様、森林所有者の権利を一定程度制限するものであることから、同様の取消し措置が規定されている。

(一)　市町村による経営管理が行われている森林について（法第三〇条第一項）

法第二八条の規定により定められた経営管理権集積計画に同意したとみなされた森林所有者は、法第二八条第一項により定められた経営管理権集積計画の公告から五年を経過したときは、当該経営管理権集積計画を取り消すべきことを市町村の長に申し出ることができる。なお、取消しの申出を当該経営管理権集積計画の公告から五年を経過した後にできるものとされている考え方は、確知所有者不同意森林に係る特例における考え方と同様である（詳細は法第二一条第一項に係る記載を参照）。

(二)　経営管理実施権の設定を受けた民間事業者による経営管理が行われている森林について（法第三一条第一項）

法第二八条の規定により定められた経営管理権集積計画に同意したとみなされた森林所有者のうち、その権原に属する森林に経営管理実施権が設定されており、当該森林において経営管理実施権の設定を受けた民間事業者による経営管理が行われているものについては、当該民間事業者の経営管理の安定性を確保する観点から、次のいずれかに該当する場合に、経営管理権集積計画を取り消すべきことを申し出ることができる。

ア　経営管理権集積計画の取消しについて、当該経営管理実施権の設定を受けている民間事業者の承諾を得た場合

イ　予見し難い経済情勢の変化その他やむを得ない事情があり、当該経営管理実施権の設定を受けている民間事業者に対

し、通常生ずべき損失の補償をする場合

ここで、「予見し難い経済情勢の変化その他経営管理権集積計画のうち当該森林所有者に係る部分を取り消すことについてやむを得ない事情」とは、当該経営管理権集積計画の公告後に、当該森林の周辺において公共事業等が計画されたことで当該森林を森林以外の用途に利用することとなった場合等が挙げられる（運用通知第10の7の⑴）。

なお、経営管理実施権の設定を受けている民間事業者が支出した費用の補償の範囲については、共有者不明森林に係る特例における考え方と同様であり（詳細は法第一四条第一項に係る記載を参照）、「通常生ずべき損失の補償」とは、森林の経営管理に係る標準的な投下費用又は当該森林について経営管理権集積計画の取消しが行われなかった場合に当該民間事業者が本来得られたはずの利益が挙げられる（運用通知第10の7の⑵）。

二　申出書

取消しの申出は、共有者不明森林に係る特例における取消しの申出と同様、次に掲げる事項を記載した申出書を提出してするものとされている（施行規則第二七条）。

①　申出者の氏名又は名称及び住所

②　当該申出に係る所有者不明森林の所在、地番、地目及び面積

③　当該申出の理由

三　経営管理権集積計画の取消し（法第三〇条第二項、法第三一条第二項）

法第三〇条第一項又は法第三一条第一項により森林所有者から取消しの申出があった場合、市町村の長は当該申出に即して経営管理権集積計画のうち当該森林所有者に係る部分を取り消すものとされている。

一方、市町村が経営管理権を取得した森林において、市町村森林経営管理事業を実施している場合や、当該森林に経営管理実施権が設定されて当該経営管理実施権の設定を受けた民間事業者による経営管理が行われている場合には、取消しの申出を受けた後、林業機械の撤去、林内の整理等を行うために一定期間をおいて経営管理実施権配分計画の一部を取り

消すことが望ましい。

　このため、市町村の長は、取消しの申出の日から起算して二月を経過した日以後速やかに、経営管理権集積計画のうち、当該森林所有者に係る部分を取り消すものとされている。

（経営管理権集積計画の取消しの公告）
第三十二条　市町村は、第三十条第二項（前条第二項において準用する場合を含む。次項において同じ。）の規定による取消しをしたときは、農林水産省令で定めるところにより、遅滞なく、その旨を公告するものとする。
2　前項の規定による公告があったときは、経営管理権集積計画のうち第三十条第二項の規定により取り消された部分に係る経営管理権に係る委託は、解除されたものとみなす。

【施行規則】

（所有者不明森林に係る経営管理権集積計画の取消しの公告）

第二十八条　法第三十二条第一項の規定による公告については、第七条の規定を準用する。


本法においては、経営管理権の設定が経営管理権集積計画の公告によって設定されるものであることを踏まえ、市町村は、法第三〇条又は法第三一条により経営管理権集積計画を取り消したときも同様に、これを公告するものとし、当該公告があったときは、経営管理権集積計画のうち、取り消された部分に係る経営管理権に係る委託は、解除されたものとみなされる。

当該公告は、施行規則第七条の規定による公告と同様、経営管理権集積計画を定めた旨及び当該経営管理権集積計画について、市町村の公報への掲載、インターネットの利用その他の適切な方法により行うものとされている（施行規則第二八条）。

（市町村森林経営管理事業）
第三十三条　市町村は、経営管理権を取得した森林（第三十七条第二項の規定により経営管理実施権が設定されているものを除く。）について経営管理を行う事業（以下「市町村森林経営管理事業」という。）を実施するものとする。
2　市町村森林経営管理事業を実施する市町村は、民間事業者の能力の活用に配慮しつつ、当該市町村森林経営管理事業の対象となる森林の状況を踏まえて、複層林化その他の方法により、当該森林について経営管理を行うものとする。
（報告）
第三十四条　農林水産大臣は、市町村森林経営管理事業を実施する市町村に対し、市町村森林経営管理事業の実施状況その他必要な事項に関し報告を求めることができる。

法第三三条及び法第三四条は、市町村が経営管理権を取得した森林について経営管理を行う事業（以下「市町村森林経営管理事業」という。）について定めている。

一　市町村森林経営管理事業について

森林は、二酸化炭素の吸収、国土の保全、水源の涵養等の多面的機能を有しており、適切な経営管理により、多面的機能の維持増進を図ることが重要であるところ、特に二酸化炭素の吸収機能について、我が国は、二〇三〇年における地球温暖化防止のための温室効果ガス削減目標のうち、二・〇パーセントを森林吸収量により確保することとしており、このためには間伐等の森林整備を推進することが必要であるが、条件不利地等にある森林においては経営管理が行き届いていない。

このような条件不利地の森林については、森林の所有構造が小規模零細かつ分散的であることから、将来的な経営に対する見込みが立たないため、森林所有者による自発的な施業のみに委ねず、新たに森林現場や所有者に近い市町村の主体的な役割を明確化し、公的主体による関与を強化することにより実効性が確保された仕組みが必要である。

また、そのような仕組みにより経営管理のされていない個々の森林の状況が改善されることに加え、市町村がまとめて経営管理することとなるため、経営管理のために必要な路網や施設を計画的に配置することが可能となり、当該森林において経営管理を行いたいという民間事業者が新たに出てくる可能性があることから、このような場合に備えて、森林を良好な状態で維持しておくことに意義があることからも市町村による経営管理は重要ということができる。

これらを踏まえ、市町村は、経営管理権を取得した森林について市町村森林経営管理事業を実施するものとされた（法第三三条第一項）。なお、民間事業者に経営管理実施権が設定されている森林については、市町村が経営管理を行うことはないことから、市町村森林経営管理事業の対象からは、除かれている。

二　市町村森林経営管理事業の実施

本法においては、市町村がその区域内の森林の全部又は一部について、経営管理権集積計画を作成することにより、経営管理権が設定され、自然的条件等の区々な森林をいったん市町村に集積し、

①　経営が成り立つ森林については、経営管理実施権配分計画の作成により民間事業者に経営管理実施権の設定がなされることとなるが、それまでの間は、市町村が経営管理するものとなることから、こうした森林もいったん市町村森林経営管理事業による経営管理を行い、

②　経営が成り立たない森林については、本事業により経営管理を継続することとなるが、本事業の実施に当たっては、市町村の能力やマンパワーの観点からも、通常は、市町村職員自らが経営管理に係る施業を

実施するわけではなく、民間事業者に請け負わせて施業することとなることから、民間事業者の有する技術的能力を生かすことが重要であるため、「民間事業者の能力の活用に配慮」するものとされている（法第三三条第二項）。

また、市町村森林経営管理事業は複層林化その他の方法で行うこととされている（法第三三条第二項）。ここで「複層林化その他の方法」としては、本事業の対象となる森林の状況を踏まえて、自然的条件が悪く林業経営に適さない森林において間伐を繰り返して複層林化する方法や自然的条件が良く林業経営に適しているものの民間事業者に経営管理実施権を設定できていない森林において間伐により長伐期施業を実施する方法等が挙げられる（運用通知第11の2）

なお、農林水産大臣は、市町村森林経営管理事業を実施する市町村に対し、市町村森林経営管理事業の実施状況その他必要な事項に関し報告を求めることができる（法第三四条）。

第四章　民間事業者への経営管理実施権の配分（第三五条—第四一条）

経営管理実施権の設定を受けた民間事業者（以下「林業経営者」という。）によって集約化された林業経営が行われると、個々の森林所有者単独ではなし得なかった採算性の確保が可能となるとともに、当該林業経営者が立木を伐採し、木材を販売した際に生じた利益を分収することで、森林所有者にとっても、本来得られなかった利益を得ることが可能となる。また、市町村に集積された森林の権利については、可能な限り民間事業者へ設定することで、市町村自らが経営管理を行うこととなる場合が限定され、行政コストの低減が図られるとともに、民間事業者による林業経営が行われることで、木材生産等が拡大し、林業の成長産業化にも資することとなる。このため、市町村が経営管理権を取得した森林のうち、特に林業経営に適した森林については、民間事業者に林業経営を委託する仕組みが措置されている。

この場合において、民間事業者に経営管理実施権を設定するに当たり、経営管理権集積計画により市町村に集積した多数の森林の権利を、個別の森林ごとに区々に設定するとすれば、民間事業者と市町村双方にとって負担となるとともに、集積が必要な森林として一括して市町村が経営管理権の設定を受けるという経営管理権集積計画の制度趣旨にもとることとなる。このため、市町村が経営管理権に基づき民間事業者に経営管理を委託するに当たっても、経営管理権集積計画と同様に、計画を定めることにより一括して民間事業者に権利を設定する方式とされている。

（経営管理実施権配分計画の作成）
第三十五条　市町村は、経営管理権を有する森林について、民間事業者に経営管理実施権の設定を行おうとする場合には、農林水産省令で定めるところにより、経営管理実施権配分計画を定めるものとする。

2　経営管理実施権配分計画においては、次に掲げる事項を定めるものとする。
一　経営管理実施権の設定を受ける民間事業者の氏名又は名称及び住所
二　民間事業者が経営管理実施権の設定を受ける森林の所在、地番、地目及び面積
三　前号に規定する森林の森林所有者の氏名又は名称及び住所
四　民間事業者が設定を受ける経営管理実施権の始期及び存続期間
五　民間事業者が設定を受ける経営管理実施権に基づいて行われる経営管理の内容
六　第二号に規定する森林に係る経営管理権集積計画において定められた第四条第二項第五号に規定する金銭の額の算定方法並びに当該金銭の支払の時期、相手方及び方法
七　市町村に支払われるべき金銭がある場合（次号に規定する清算の場合を除く。）における当該金銭の額の算定方法及び当該金銭の支払の時期
八　第四号に規定する存続期間の満了時及び第四十一条第二項の規定により同項に規定する委託が解除されたものとみなされた時における清算の方法
九　その他農林水産省令で定める事項
3　経営管理実施権配分計画は、前項第二号に規定する森林ごとに、同項第一号に規定する民間事業者の同意が得られているものでなければならない。

【施行規則】
（経営管理実施権配分計画の作成）
第二十九条　市町村は、法第三十五条第一項の規定により経営管理実施権配分計画を定めるときには、林業経営の効率

化を図ることを旨として、当該経営管理実施権配分計画の作成の時期及び経営管理実施権を設定しようとする森林の所在場所等につき適切な配慮をするものとする。

（経営管理実施権配分計画に定めるべき事項）

第三十条　法第三十五条第二項第九号の農林水産省令で定める事項は、民間事業者が設定を受ける経営管理実施権並びに森林所有者及び市町村が設定を受ける経営管理受益権の条件その他経営管理実施権及び経営管理受益権の設定に係る法律関係に関する事項（同項第四号から第八号までに掲げる事項を除く。）とする。

一　経営管理実施権配分計画の作成

市町村は、経営管理権を有する森林について、民間事業者に経営管理実施権の設定を行おうとする場合には、経営管理実施権配分計画を定めるものとされている（本条第一項）。市町村は、経営管理実施権配分計画を定めるときには、林業経営の効率化を図ることを旨として、当該経営管理実施権配分計画の作成の時期及び経営管理実施権を設定しようとする森林の所在場所等につき適切な配慮をするものとされている（施行規則第二九条）。ここで、「当該経営管理実施権配分計画の作成の時期及び経営管理実施権を設定しようとする森林の所在場所等につき適切な配慮」とは、経営管理権を設定後、速やかに経営管理実施権配分計画を作成するとともに、林業経営の効率化の促進を図る観点から面的にまとまりのあるものとなるように配慮するものとされている（運用通知第12の1）。

なお、経営管理実施権配分計画を定めるに当たっては、経営管理実施権の設定を受ける民間事業者の同意を得るものとされているが（本条第三項）、森林所有者の同意を得ることは要件とされていない。これは、

① 経営管理実施権が、経営管理権集積計画により設定された経営管理権に基づき設定されるものであることから、その内容、存続期間等は経営管理権の範囲内のものとなること

② 経営管理実施権配分計画においては、経営管理権集積計画において定められた森林所有者に支払われるべき金銭の額

の算定方法等も改めて記載することとされていること（法第三五条第二項第六号）から、森林所有者の利益を害するものとはならないためである。

二　経営管理実施権配分計画の記載事項（第三五条第二項）

経営管理権集積計画と同様、経営管理実施権配分計画は、権利設定が契約でなされる場合における契約書と同等の内容を備えることが必要となることから、経営管理権集積計画において定めた事項と同様の事項に加え、市町村と経営管理実施権の設定を受ける民間事業者との間で取り決めておくべき事項を記載するものとされている。経営管理実施権配分計画の記載内容については、当該計画の対象森林に係る経営管理権集積計画の記載内容の範囲内にするものとされている（運用通知第12の2の(1)）。

なお、対象森林の森林所有者に対して支払われるべき金銭の額の算定方法は、既に経営管理権集積計画で定められていることから、森林所有者に支払われる金銭の額の算定方法は、経営管理権集積計画に定められた内容をそのまま記載するものとされている（本項第六号）。

また、経営管理実施権については、その設定に当たって境界の明確化等に要する経費が発生すること等も踏まえ、市町村に支払われるべき金銭がある場合における当該金銭の額の算定方法及び当該金銭の支払の時期についても、定めるものとされている（本項第七号）。

（民間事業者の選定等）
第三十六条　都道府県は、農林水産省令で定めるところにより、定期的に、都道府県が定める区域ごとに、経営管理実施権配分計画が定められる場合に経営管理実施権の設定を受けることを希望する民間事業者を公募するものとする。
2　都道府県は、農林水産省令で定めるところにより、前項の規定による公募に応募した民間事業者のうち次に掲げる要件に適合するもの及びその応募の内容に関する情報を整理し、これを公表するものとする。
一　経営管理を効率的かつ安定的に行う能力を有すると認められること。
二　経営管理を確実に行うに足りる経理的な基礎を有すると認められること。
3　市町村は、経営管理実施権配分計画を定める場合には、農林水産省令で定めるところにより、前条第二項第一号に規定する民間事業者を、前項の規定により公表されている民間事業者の中から、公正な方法により選定するものとする。
4　都道府県及び市町村は、前三項の規定による公募及び公表並びに選定に当たっては、これらの過程の透明化を図るように努めるものとする。

【施行規則】

（民間事業者の公募）

第三十一条　法第三十六条第一項の規定による公募は、毎年一回以上定期的に、当該公募の開始の日から三十日以上の期間を定めて、インターネットの利用その他の適切な方法により行うものとする。

（民間事業者に関する情報の整理及び公表）

第三十二条　市町村は、都道府県に対し、法第三十六条第一項の規定により応募した民間事業者の中から、同条第二項の規定に基づき都道府県が公表する民間事業者にふさわしい者を推薦することができるものとする。
2　法第三十六条第二項の規定による公表は、インターネットその他の適切な方法により行うものとする。

（民間事業者の選定）
第三十三条　市町村は、法第三十六条第三項の規定により民間事業者を選定するときには、法第三十六条第二項の規定により公表されている民間事業者に対し、法第三十五条第二項第四号から第八号までの事項について提案を求めるものとする。
2　市町村は、前項の規定に基づく提案を適切に審査し、及び評価するものとする。
3　市町村は、第一項の規定により提案を求めるに当たっては、あらかじめその旨及びその評価の方法を公表するとともに、その評価の後にその結果を公表してするものとする。

本条は経営管理実施権の設定を受ける民間事業者の選定について定めている。なお、対象者の選定は、経営管理実施権の設定を受けることを希望する者の規模拡大の方針等に影響を与えることとなり、市町村の説明責任も求められることとなることから、都道府県及び市町村は、公募及び公表並びに選定の過程の透明化を図るように努めるものとされている（本条第四項）。

一　都道府県による民間事業者の公募（本条第一項）

森林について経営管理を確保するという観点から、経営管理実施権の設定を受ける者は、伐採及び伐採後の植栽に必要な実施体制を確保しているなど、最低限適切な経営を実行する能力を有している者であることが必要である。また、民間事業者は、十分な事業地を確保できていない現状においては、事業地を求めて市町村域を超えて活動していることが多く、こうした事業者についての情報は、市町村よりも都道府県に集まりやすいことから、都道府県は、定期的に経営管理実施権の設定を受けることを希望する民間事業者を公募するものとされている。

当該公募は、様々な民間事業者の参入が図られるよう「毎年一回以上定期的に行う」ものとし、また民間事業者が書類等を準備し提出するために必要な期間を確保する観点から「当該公募の開始の日から三〇日以上の期間を定めて」、手続を簡略化するため「インターネットの利用その他の適切な方法」により行うものとされている（施行規則第三一条）。

また、当該公募に当たり、本条第四項の規定に基づき過程の透明化を図る観点から、都道府県のホームページ等を利用して、広く公募について周知するものとされている（運用通知第13の2の⑴）。また、市町村や民間事業者等が組織する団体等にも周知することが望ましい（運用通知第13の2の⑴）。

二　都道府県による民間事業者の公表（本条第二項）

都道府県は、本条第一項の公募に応募した民間事業者のうち経営管理を効率的かつ安定的に行う能力を有する等の要件に適合する者を公表するものとされている。

㈠　要件に適合するか否かを判断する基準について

経営管理実施権の設定を受けることを希望する民間事業者が本条第二項に規定する要件に適合するか否かを判断する基準については、都道府県において定めるものとされている（運用通知第13の4の⑴）。なお、都道府県は施行規則第三二条第一項の規定により、公表すべき民間事業者について市町村が都道府県に対して推薦できることを踏まえ、当該基準の設定に当たって事前に市町村に意見照会し、市町村からの意見を踏まえて基準を定めるものとされている（運用通知第13の4の⑵）。

当該基準については、都道府県内で共通のものが想定されるが、都道府県は、市町村からの意見があった場合等には、当該市町村の地域事情を踏まえた当該市町村内にのみ適用する基準を定めることもできるものとされている（運用通知第13の4の⑶）。

㈡　市町村による民間事業者の推薦について

都道府県が民間事業者を公表するに当たっては、市町村が地域の実情その他の事情により経営管理実施権を設定することが適当と判断する民間事業者についても考慮することができるよう、市町村は、本条第一項の規定により応募した民間事業者の中から、都道府県が公表する民間事業者にふさわしい者を推薦することができるものとされている（施行規則第三二条第一項）。そのため、都道府県は、応募のあった民間事業者に関する情報を整理した上で、当該公表を行う前に、民間事業者が経営管理実施権の設定を受けることを希望する市町村ごとに、民間事業者に関する情報を当該市町村に提示するものとされている（運用通知第13の5の(1)）。

(三)　民間事業者の公表について

民間事業者を公表するにあたり、都道府県は、市町村から推薦を受けた場合はその意向も踏まえたうえで、(一)の基準に基づき、応募のあった民間事業者が本条第二項の要件に適合するか否かを判断するものとされている（運用通知第13の6の(1)）。

三　市町村による民間事業者の選定（本条第三項）

都道府県が公表する民間事業者の中には、一つの市町村において経営管理を行うことが可能な事業者が複数あることが想定され、こうした事業者の中から、各市町村が自らの市町村にとって真に適切な者を公正に選定する必要があることから、市町村は、経営管理実施権の設定を受ける民間事業者を、公表されている民間事業者の中から、公正な方法により選定するものとされている。

このため、市町村は、民間事業者を選定するときには、本条第二項の規定により公表されている民間事業者に対し、法第三五条第二項第四号から第八号までの事項について提案を求め（施行規則第三三条第一項）、当該提案を適切に審査し、及び評価するものとされている（施行規則第三三条第二項）。また、市町村は、提案を求めるに当たっては、あらかじめその旨及びその評価の方法を公表するとともに、その評価の後にその結果を公表してするものとされている（施行規則第三三条第三項）。

（経営管理実施権配分計画の公告等）

第三十七条　市町村は、経営管理実施権配分計画を定めたときは、農林水産省令で定めるところにより、遅滞なく、その旨を公告するものとする。

2　前項の規定による公告があったときは、その公告があった経営管理実施権配分計画の定めるところにより、民間事業者に経営管理実施権が、森林所有者及び市町村に経営管理受益権が、それぞれ設定される。

3　前項の規定により設定された経営管理実施権は、第一項の規定による公告の後において当該経営管理実施権に係る森林の森林所有者となった者（国その他の農林水産省令で定める者を除く。）に対しても、その効力があるものとする。

4　森林所有者が第二項の規定により設定された経営管理受益権に基づき林業経営者（同項の規定により経営管理実施権の設定を受けた民間事業者をいう。以下同じ。）から支払を受けたときは、当該支払を受けた額の限度で、当該経営管理受益権に係る森林に関する第七条第二項の規定により設定された経営管理受益権に基づき市町村から支払を受けたものとみなす。

【施行規則】

（経営管理実施権配分計画の公告）

第三十四条　法第三十七条第一項の規定による公告は、経営管理実施権配分計画を定めた旨及び当該経営管理実施権配分計画について、市町村の公報への掲載、インターネットの利用その他の適切な方法により行うものとする。

（経営管理実施権の効力が及ばない森林所有者）

第三十五条　法第三十七条第三項の農林水産省令で定める者については、第六条の規定を準用する。この場合において、

第六条中「法第七条第一項」とあるのは、「法第三十七条第一項」と読み替えるものとする。

一　経営管理実施権配分計画の公告（本条第一項及び第二項）

市町村は、経営管理実施権配分計画を定めたときは、その旨を公告するものとされており、その公告により、民間事業者に経営管理実施権が、市町村及び森林所有者に経営管理受益権が設定される。これは、経営管理権集積計画と同様に、公告を効力発生要件として、経営管理実施権及び経営管理受益権の設定という効果を法律上付与するものである。

二に後述するとおり、経営管理実施権は経営管理実施権配分計画の公告の後において、当該経営管理実施権に係る森林の森林所有者となった者に対してもその効力があるものとしており、市町村及び現在の森林所有者以外の第三者に対しても経営管理実施権配分計画を定めた旨及び当該経営管理実施権配分計画の内容について周知されるよう、当該公告は、経営管理権集積計画の公告と同様、経営管理実施権配分計画を定めた旨及び当該経営管理実施権配分計画について、市町村の公報への掲載、インターネットの利用その他の適切な方法により行うものとし（施行規則第三四条）、市町村は公告した経営管理実施権配分計画により設定された経営管理実施権の存続期間中、当該経営管理実施権配分計画を縦覧するものとされている（運用通知第14の2）。

二　経営管理実施権の効力（本条第三項）

林業経営者が、安定的な経営管理を行うことができるようにする観点から、経営管理権集積計画で定めたものと同様に、経営管理実施権配分計画の公告のあった後において当該森林の森林所有者となった者に対しても、経営管理実施権の効力が及ぶものとされている。

一方、

①　国が、林業経営者が経営管理実施権を取得した森林の森林所有者となった場合は、当該森林は本法の対象とする森林（民有林）から外れることとなり、今般の法制度の枠外になること

② このほか、公告の時点で既に設定されていた担保権の実行により、公告後に新たな森林所有者となった者に対してまで経営管理実施権の効力を及ぼすことは、当該森林に経営管理実施権が設定されることを想定していなかった担保権者にとって不測の不利益を生じさせるおそれがあるなど、新たな森林所有者に対して経営管理実施権の効力を及ぼすことが適当とは限らない場合が想定されることから、このような場合にきめ細かな運用ができるよう、農林水産省令で定める者については、経営管理実施権の効力が及ぶ者から除くものとされている（本条第三項）。

農林水産省令で定める者は、施行規則第六条の規定が準用されている（法第七条第三項関係の記載参照）。

三　林業経営者による金銭の支払（本条第四項）

林業経営者が利益を上げたときには、当該金銭の額を当該森林の森林所有者に直接支払うことにより、市町村の会計を経由しないことによる事務の簡素化が図られることから、経営管理実施権配分計画の公告により森林所有者に経営管理受益権が設定されるものとされている。

一方で、森林所有者は、林業経営者及び市町村に対して経営管理受益権を有することとなり、森林所有者が双方に対して経営管理受益権に基づく金銭の支払を求めると二重取りになってしまうことから、森林所有者が林業経営者からの支払を受けたときは、当該支払を受けた限度で、経営管理権集積計画により設定された経営管理受益権に基づき、市町村から支払を受けたものとみなすとされている。

（計画的かつ確実な伐採後の植栽及び保育の実施）

第三十八条　林業経営者は、販売収益について伐採後の植栽及び保育に要すると見込まれる額を適切に留保し、これらに要する経費に充てることにより、計画的かつ確実な伐採後の植栽及び保育を実施しなければならない。

経営管理権集積計画においては、本法の趣旨に鑑み、伐採後の造林及び保育が確実に行われるよう伐採後の造林及び保育に要する経費を適切に算定する旨を規定するものとされている（法第四条第三項）。

経営管理実施権配分計画は、この経営管理権集積計画の内容を踏まえて定められることから、当該経費は、既に織り込まれており、経費の算定についての留意事項を定める必要はない。

一方で、経営管理実施権を設定する森林については、基本的に林業経営者が「伐って、使って、植える」という「林業経営」を行うことを前提としており、主伐を実施する場合は、着実に森林の循環的利用が確保されるよう、主伐後の造林には天然更新ではなく、植栽を行うことが必要である。

このため、現実に林業経営者が選定されている中においては、林業経営者が伐採を行った際の販売収益について、伐採後の植栽及び保育に要すると見込まれる金銭を適切に留保し、計画的かつ確実な植栽及び保育を行うものとされている。

なお、市町村は、林業経営者が計画的かつ確実な伐採後の植栽及び保育を実施するよう、法第三八条の規定に基づき木材の販売収益について伐採後の植栽及び保育に要すると見込まれる額を適切に留保し、森林所有者ごとに適切に管理するよう林業経営者に対して指導するものとされている（運用通知第15の1の⑴）。

（報告）

第三十九条　市町村は、林業経営者に対し、当該経営管理実施権の設定を受けた森林についての経営管理の状況その他必要な事項に関し報告を求めることができる。

市町村が、林業経営者により確実に経営管理が行われているかを確認できるようにする必要があるため、市町村は、林業経営者に対し、経営管理の状況について、報告を求めることができるものとされている。

市町村は、当該規定により林業経営者に対し、経営管理の状況その他必要な事項に関し報告を求めるに当たっては、当該森林の経営管理の実施状況、伐採後の植栽及び保育に要すると見込まれるものとして留保している金銭の額の状況、林業経営者の経営状況等について、報告を求めるものとされている（運用通知第15の1の(2)）。

（経営管理実施権配分計画の取消し）

第四十条　市町村は、第九条第二項、第十五条第二項、第二十三条第二項又は第三十二条第二項の規定によりこれらの規定に規定する委託が解除されたものとみなされた場合には、経営管理実施権配分計画のうち当該解除に係る経営管理権に基づいて設定された経営管理実施権に係る森林に係る部分を取り消すものとする。

2　市町村は、林業経営者が次の各号のいずれかに該当する場合には、経営管理実施権配分計画のうち当該林業経営者に係る部分を取り消すことができる。

一　偽りその他不正な手段により市町村に経営管理実施権配分計画を定めさせたことが判明した場合

二　第三十六条第二項各号に掲げる要件を欠くに至ったと認める場合

三　経営管理実施権の設定を受けた森林について経営管理を行っていないと認める場合

四　経営管理実施権配分計画に基づき支払われるべき金銭の支払又はこれに代わる供託をしない場合

五　正当な理由がなくて前条の報告をしない場合

六　その他経営管理に支障を生じさせるものとして農林水産省令で定める要件に該当する場合

（経営管理実施権配分計画の取消しの公告等）

第四十一条　市町村は、前条の規定による取消しをしたときは、農林水産省令で定めるところにより、遅滞なく、その旨を公告するものとする。

2　前項の規定による公告があったときは、経営管理実施権配分計画のうち前条の規定により取り消された部分に係る経営管理実施権に係る委託は、解除されたものとみなす。

【施行規則】

（経営管理実施権配分計画の取消しの公告）

第三十六条　法第四十一条第一項の規定による公告は、経営管理実施権配分計画のうち当該林業経営者に係る部分を取り消した旨及び当該経営管理実施権配分計画のうち当該取消しに係る部分について、市町村の公報への掲載、インターネットの利用その他の適切な方法により行うものとする。

一　経営管理実施権配分計画の取消し（法第四〇条）

経営管理権集積計画について市町村による計画の取消しが規定されているのと同様に、経営管理実施権配分計画についても市町村による取消しが規定されている。

①　経営管理実施権の基となる経営管理権に係る委託が解除された場合

②　林業経営者に経営管理実施権を設定しておくには、不適当な事由が発生した場合

については、経営管理実施権配分計画を取り消すことが相当である。

このうち、①については、経営管理実施権配分計画に係る森林について経営管理権に係る委託が解除された場合には、経営管理実施権が成立する前提が失われることから、経営管理実施権配分計画の取消しは、必ず行われるものとされている（本条第一項）。

また、②については、林業経営者が正当な理由なく第三九条の報告をしない場合等、当該林業経営者による適切な経営管理が確保されないおそれがある場合には、市町村は、当該経営管理実施権配分計画のうち当該林業経営者に係る部分を取り消すことができるものとされている（本条第二項）。

二　経営管理実施権配分計画の取消しの公告（法第四一条）

経営管理実施権配分計画の取消しについては、経営管理権集積計画の場合と同様、取消しをした旨を公告することで、当該部分に係る経営管理実施権に係る委託は、解除されたものとみなすとされている（本条第一項及び第二項）が、この場合、森林所有者に不測の損害を被らせないために、経営管理実施権配分計画の取消し後、市町村は経営管理権に基づき適切に森林の経営管理を行うとともに、経営管理権集積計画で当初定められたところに従い、森林所有者の利益を確保する必要がある。

当該公告は、経営管理権集積計画の取消しの公告と同様、経営管理実施権配分計画のうち当該林業経営者に係る部分を取り消した旨及び当該経営管理実施権配分計画のうち当該取消しに係る部分について、市町村の公報への掲載、インターネットの利用その他の適切な方法により行うものとされている（施行規則第三六条）。

第五章　災害等防止措置命令等（第四二条・第四三条）

一　現行制度の概要

間伐又は保育が適正に実施されていない森林は、災害への抵抗力が弱まるとともに、表土流出等の問題を生ずるおそれがあることから、森林法においては、間伐又は保育が適正に実施されていない森林であってこれらを早急に実施する必要があるもの（以下「要間伐森林」という。）への早急な対応を行うための要間伐森林制度が措置されていた。

具体的には、

① 市町村の長は、要間伐森林がある場合には、当該要間伐森林の森林所有者等に対し、その旨並びに当該要間伐森林について実施すべき間伐又は保育の方法及び時期を通知するものとし、

② 市町村の長は、①の通知を受けた者が間伐又は保育を実施していないと認めるときは、間伐又は保育を実施すべき旨を勧告することができる

③ 市町村の長は、②の勧告をした場合において、その勧告を受けた者がこれに従わないとき、又は従う見込みがないと認めるときは、その者に対し、当該市町村の長の指定を受けた者と当該要間伐森林について所有権の移転等又は施業の委託に関し協議すべき旨を勧告することができる

こととされ、

④ ③の協議が調わない場合は、都道府県知事による所有権の移転等又は施業の委託に係る調停、裁定等の手続が措置されていた。

二　制度創設の必要性

近年の我が国においては、集中豪雨の増加により深刻化してきている土砂崩壊等による流木被害等の森林災害が増加しており、適切な伐採又は保育の実施により、災害防止に向けた森林の水土保全機能を含む多面的機能の維持・強化を図ることが喫緊の課題となっている。

また、気象害により折損した立木や病害虫等により枯死した立木を含む森林について、皆伐・造林することで再生させるなど、「主伐」が森林の多面的機能の維持を図るための一つの有効な施業方法となっている。

一方、要間伐森林制度は、これに資する措置ではあったものの、前述のとおり、市町村の長による通知、勧告、協議、調停、裁定等の重厚な手続を要することから、相当の時間を要することとなり、緊急に対応が必要な場合に迅速かつ機動的に対応できる仕組みとはなっていなかった。また、対象となる森林は「間伐又は保育が必要なもの」とされており、主伐には対応できなかった。このことを踏まえ、要間伐森林制度について、その目的及び趣旨を踏襲しつつ、より広範な事態に対応できるよう、間伐のみならず、主伐も行うことができるようにし、要間伐森林制度を発展的に解消した上で、森林の多面的機能の確保に資するための新たな措置が本法に設けられた。

（災害等防止措置命令）

第四十二条　市町村の長は、伐採又は保育が実施されておらず、かつ、引き続き伐採又は保育が実施されないことが確実であると見込まれる森林（森林法第二十五条又は第二十五条の二の規定により指定された保安林を除く。以下この章において同じ。）における次に掲げる事態の発生を防止するために必要かつ適当であると認める場合には、その必要の限度において、当該森林の森林所有者に対し、期限を定めて、当該事態の発生の防止のために伐採又は保育の実施その他必要な措置（以下「災害等防止措置」という。）を講ずべきことを命ずることができる。ただし、当該森林について、経営管理権が設定されている場合又は同法第十条の九第三項の規定の適用がある場合は、この限りでない。

一　当該森林の周辺の地域において土砂の流出又は崩壊その他の災害を発生させること。

二　当該森林の現に有する水害の防止の機能に依存する地域において水害を発生させること。

三　当該森林の現に有する水源の涵養の機能に依存する地域において水の確保に著しい支障を及ぼすこと。

四　当該森林の周辺の地域において環境を著しく悪化させること。

2　前項の規定による命令をするときは、農林水産省令で定める事項を記載した命令書を交付するものとする。

【施行規則】

（災害等防止措置の命令書）

第三十七条　法第四十二条第二項の農林水産省令で定める事項は、次に掲げる事項とする。

一　講ずべき災害等防止措置の内容

二　命令の年月日及び履行期限

三　命令を行う理由
四　法第四十三条第一項各号に該当すると認められるときは、同項の規定により災害等防止措置の全部又は一部を市町村の長が自ら講ずることがある旨及び当該災害等防止措置に要した費用を徴収することがある旨

一　対象森林

市町村の長は、伐採又は保育が実施されておらず、かつ、引き続きこれらが実施されないことが確実であると見込まれる森林において、次の事態の発生を防止するために必要かつ適当であると認める場合には、当該森林の森林所有者に対し、当該事態の発生の防止のために必要な措置（以下「災害等防止措置」という。）を講ずべきことを命ずることができるものとされている（本条第一項）。

① 当該森林の周辺の地域において土砂の流出又は崩壊その他の災害を発生させること。
② 当該森林の現に有する水害の防止の機能に依存する地域において水害を発生させること。
③ 当該森林の現に有する水源の涵養の機能に依存する地域において水の確保に著しい支障を及ぼすこと。
④ 当該森林の周辺の地域において環境を著しく悪化させること。

なお、森林法に基づいて指定される保安林については、同法に基づく要整備森林制度、施業の勧告等が措置されていることから、災害等防止措置命令の対象となる森林から除かれている。

また、森林法上において、伐採及び伐採後の造林の届出書どおりに伐採を行っていない場合に出される遵守命令の適用がある場合（同法第一〇条の九第三項）には、命令の重複を避けるため、災害等防止措置命令を発出しないものとされている。

さらに、経営管理権が設定されている森林においては、市町村又は林業経営者による経営管理が行われることとなり、災害等防止措置命令を発出する余地はないと考えられることから、経営管理権が設定された森林については、災害等防止措置命令を発出しないものとされている。

ここで、「伐採又は保育が実施されておらず、かつ、引き続き伐採又は保育が実施されないことが確実であると見込まれる森林」及び①から④に掲げる事態の発生を防止するために必要かつ適当であると認める場合については、対象となる森林の現況、当該森林及びその周辺の地域における過去の土砂の流出若しくは崩壊その他の災害又は環境を悪化させる事態の発生状況、当該森林の現に有する水害の防止の機能に依存する地域における過去の水害の発生状況、当該森林の現に有する水源の涵養の機能に依存する地域における過去の渇水の発生状況、地形、土壌、気象等の自然的条件について十分に現地調査を行うとともに、必要に応じ専門家の意見を聴いた上で判断するものとされている（運用通知第16の1の⑴）。

二　災害等防止措置命令の内容

市町村の長は、本条第一項各号に掲げる事態の発生を防止するために必要かつ適当であると認める場合には、その必要の限度において、当該森林の森林所有者に対し、期限を定めて、災害等防止措置を講ずべきことを命ずることができるものとされている（本条第一項）。

ここで、「その必要の限度において」とは、伐採又は保育等の実施により災害等の発生を防止するという目的の達成に必要な面積にとどめるべきであるという趣旨である（運用通知第16の1の⑵）。「期限」は、災害等防止措置命令の対象となる森林において、速やかに伐採又は保育等が実施されるべきであるため、おおむね一年の範囲内で定めるものとされている（運用通知第16の1の⑶）。「災害等防止措置」は、本条第一項第一号から第四号までに掲げる事態ごとに、当該事態を防止するために必要な伐採、保育等の森林の施業を行うものである（運用通知第16の1の⑷）。

なお、今般の災害等防止措置命令では、その対象となる森林を、「伐採又は保育が実施されておらず、かつ、引き続き伐採又は保育が実施されないことが確実であると見込まれる森林」としており、森林所有者に命ずる内容は、「伐採又は保育の実施その他の必要な措置」として、伐採を伴わない造林については、災害等防止措置命令の対象として想定されていない。これは、森林所有者が施業を懈怠し、かつ、これに対し、市町村の長が造林のみを必要とする森林は、

①　伐採及び伐採後の造林の届出書どおりに造林がなされていない森林は、

② 無届伐採により、裸地となった森林のいずれかであり、これらへの対処については、既に森林法上の措置（第一〇条の九第三項又は第四項）で対応可能であるためである。

市町村の長が本条第一項の災害等防止措置命令をするときは、森林所有者が当該命令に係る災害等防止措置を実施できるよう、次に掲げる事項を記載した命令書を交付するものとされている（本条第二項及び施行規則第三七条）。

① 講ずべき災害等防止措置の内容
② 命令の年月日及び履行期限
③ 命令を行う理由
④ 本条第一項各号に該当すると認められるときは、同項の規定により災害等防止措置の全部又は一部を市町村の長が自ら講ずることがある旨及び当該災害等防止措置に要した費用を徴収することがある旨

（代執行）

第四十三条　市町村の長は、前条第一項に規定する場合において、次の各号のいずれかに該当すると認めるときは、自らその災害等防止措置の全部又は一部を講ずることができる。この場合において、第二号に該当すると認めるときは、相当の期限を定めて、当該災害等防止措置を講ずべき旨及びその期限までに当該災害等防止措置を講じないときは、自ら当該災害等防止措置を講じ、当該災害等防止措置に要した費用を徴収することがある旨を、あらかじめ、公告するものとする。

一　前条第一項の規定により災害等防止措置を講ずべきことを命ぜられた森林所有者が、当該命令に係る期限までに当該命令に係る災害等防止措置を講じないとき、講じても十分でないとき、又は講ずる見込みがないとき。

二　前条第一項の規定により災害等防止措置を講ずべきことを命じようとする場合において、相当な努力が払われたと認められるものとして政令で定める方法により当該災害等防止措置を命ずべき森林所有者の探索を行ってもなお当該森林所有者を確知することができないとき。

三　緊急に災害等防止措置を講ずる必要がある場合において、前条第一項の規定により当該災害等防止措置を講ずべきことを命ずるいとまがないとき。

2　市町村の長は、前項の規定により災害等防止措置の全部又は一部を講じたときは、当該災害等防止措置に要した費用について、農林水産省令で定めるところにより、当該森林の森林所有者から徴収することができる。

3　前項の規定による費用の徴収については、行政代執行法（昭和二十三年法律第四十三号）第五条及び第六条の規定を準用する。

4　第一項の規定により市町村の長が災害等防止措置の全部又は一部を講ずる場合における立木の伐採については、森林法第十条の八第一項本文の規定は、適用しない。

【施行令】

（不明森林所有者等の探索の方法）

第二条　法第二十四条及び第四十三条第一項第二号の政令で定める方法については、前条の規定を準用する。

【施行規則】

（災害等防止措置に要した費用）

第三十八条　市町村の長は、法第四十三条第二項の規定により当該災害等防止措置に要した費用を負担させようとする場合は、当該災害等防止措置を命じた森林所有者に対し負担させようとする費用の額の算定基礎を明示するものとする。

一　代執行（本条第一項）

法第四二条第一項により必要な措置を講ずべきことを命令した場合において、当該命令を受けた者がこれを実行しないとき、措置を命ずべき森林所有者が不明なとき等には、災害等防止措置命令の目的を達成できないおそれがある。このため、災害等防止措置命令の実効性を担保するため、法第四二条第一項に規定する場合において、

①　災害等防止措置を講ずべきことを命ぜられた森林所有者が、当該命令に係る期限までに当該命令に係る災害等防止措置を講じないとき、講じても十分でないとき、又は講ずる見込みがないとき

②　災害等防止措置を命ずべき森林所有者の探索を行ってもなお当該森林所有者を確知することができないとき

③　緊急に災害等防止措置を講ずる必要がある場合において、災害等防止措置を講ずべきことを命ずるいとまがないとき

のいずれかに該当すると認めるときには、市町村の長は、自らその災害等防止措置の全部又は一部を講ずることができるものとされている（本条第一項）。

①の場合における、「災害等防止措置を講ずべきことを命ぜられた森林所有者が、当該命令に係る期限までに当該命令に係る災害等防止措置を講じないとき、講じても十分でないとき、又は講ずる見込みがないとき」は、災害等防止措置を講ずべきとして命令書を交付された森林所有者が当該命令書に定められた期限内に災害等防止措置を行わない又は当該命令書に記された災害等防止措置に比べ十分な措置を実施していない場合が挙げられる（運用通知第16の2の⑵）。

②の場合においては、災害等防止措置を講ずべき旨及びその期限までに当該災害等防止措置を講じないときは、自ら当該災害等防止措置を講じ、当該災害等防止措置に要した費用を徴収することがある旨を、あらかじめ公告するものとされている。これは、①の場合には既に法第四二条第一項による命令がなされており、森林所有者は災害等防止措置を実施する義務があることを認識しているが、②の場合には森林所有者を確知できず、法第四二条第一項の災害等防止措置命令がなく代執行が行われることから、公告によって森林所有者が代執行が行われ得ること等を知り得る状況にするためである。ここで、「相当の期限」は、六月は確保することが望ましい（運用通知第16の2の⑴）。また、災害等防止措置を命ずべき森林所有者の探索については、不明森林共有者の探索の方法が準用されている（施行令第二条。詳細は法第一〇条に係る記載を参照）。

③の場合における、「緊急に災害等防止措置を講ずる必要がある場合において、前条第一項の規定により当該災害等防止措置を講ずべきことを命ずるいとまがないとき」は、既に枯損木が多数発生しており、台風期に風倒により隣接する森林や施設に被害を与えることが予見される場合等、災害等防止措置を講ずべきことを命ずるいとまがない場合が挙げられる（運用通知第16の2の⑶）。

二　費用の徴収（本条第二項及び第三項）

災害等防止措置の全部又は一部を講じたときは、当該災害等防止措置に要した費用について、当該森林の森林所有者から徴収することができるものとされている（本条第二項）。市町村の長は、災害等防止措置に要した費用を負担させようとする場合は、その手続の透明性を確保するために、当該災害等防止措置を命じた森林所有者に対し負担させようとする費用の額の算定基礎を明示するものとされている（施行規則第三八条）。

代執行に要したその費用を実際に徴収するに当たっては、行政代執行法（昭和二三年法律第四三号）の規定が準用されている（本条第三項）。具体的には、費用の徴収については、実際に要した費用の額及びその納付日を定め、森林所有者に文書で納付を命ずるとともに（同法第五条）、費用は国税滞納処分の例により徴収でき、市町村は、国税及び地方税に次ぐ順位の先取特権を有し、徴収金は代執行を行った市町村の収入となる（同法第六条）。

なお、行政代執行法は、

① 法律により直接に命ぜられ、又は法律に基づき行政庁により命ぜられた行為について義務者がこれを履行しない場合であって、他の手段によってその履行を確保することが困難であり、かつ、その不履行を放置することが著しく公益に反すると認められるときに、行政庁は代執行ができることとされており、代執行の発動要件が極めて厳格に規定されていること

② 措置を命ずべき者が不明の場合には、対応できないこと等、災害等防止措置の実施に不十分な場合が想定されることから、本条においては、同法の特例として市町村の長による代執行について規定した上で、その際の費用徴収等の手続については、同法の規定が準用されている。

三　森林法第一〇条の八第一項の特例（本条第四項）

森林法においては、森林の立木の伐採及び伐採後の造林が市町村の区域内のどこで、どのように行われるのかが当該市町村の区域内に存する森林資源の賦存状況の把握に必要不可欠であるため、立木の伐採をしようとする者は、市町村に対して伐採及び伐採後の造林の届出書を提出することとされている（森林法第一〇条の八第一項）。

一方、市町村が自ら災害等防止措置の全部又は一部を実施するのに際し、立木の伐採を行う場合には、災害等防止措置命令を発出した段階でどの森林でどの程度の伐採が行われるかを了知していることから、伐採及び伐採後の造林の届出書

の提出は不要とする旨の規定が置かれている。

第六章　林業経営者に対する支援措置（第四四条―第四六条）

（国有林野事業における配慮等）
第四十四条　国は、国有林野の管理経営に関する法律（昭和二十六年法律第二百四十六号）第二条第二項に規定する国有林野事業に係る伐採等を他に委託して実施する場合には、林業経営者に委託するように配慮するものとする。
2　森林法第七条の二第一項に規定する国有林を所管する国の機関及び関係地方公共団体は、相互に連携を図り、林業経営者に対し、経営管理に資する技術の普及に努めるものとする。

林業経営者は、経営管理実施権の設定を機に、より効率的な林業経営のため、高性能林業機械の導入・更新を図ることが考えられるが、この場合、素材生産の能力が向上し、実施可能な事業量が更に増えることから、更なる事業地を必要とすることとなることが想定される。

また、林業政策上、経営管理実施権を取得することにより林業経営の規模拡大を図ろうとするような意欲と能力のある林業経営者に対しては、より森林の経営管理の集積を進め、更に効率的な林業経営を行うことができるような環境を整備することにより、生産性の向上及び採算性の確保を図ることが重要である。

このため、林業経営者が林業経営の更なる効率化を図る機会が得られるよう、国は、国有林野事業に係る伐採等を他に委託して行う場合には、林業経営者に委託するよう配慮するものとされている（本条第一項）。

また、森林法第七条の二第一項に規定する国有林を所管する国の機関及び関係地方公共団体は、相互に連携を図り、林業経営者に対し、経営管理に資する技術の普及に努めるものとされている（本条第二項）。ここで、「森林法第七条の二第一項に規定する国有林を所管する国の機関」とは、森林管理局及び森林管理署等（以下「森林管理局等」という。）であり、森林管理局等が民有林関係者に対する技術普及のための現地検討会等を開催するに当たっては、関係地方公共団体を通じて林業経営者に対して参加を呼びかける等の対応に努めるものとされている（運用通知第17の1の⑵）。

（指導及び助言）

第四十五条　国及び都道府県は、林業経営者に対し、経営管理実施権に基づく経営管理を円滑に行うために必要な指導及び助言を行うものとする。

林業経営者は、経営管理実施権を取得することで事業地の規模を拡大し、さらなる施業の効率化を図ることとなるが、林業経営の効率化の実効性を更に高めるためには、これと併せて、国及び都道府県が補助、金融、税制等の内容、各種林業・木材産業施策に関する情報等を林業経営者に提供し、これを支援することが重要であるため、国及び都道府県は、林業経営者に対し、経営管理実施権に基づく経営管理を円滑に行うために必要な指導及び助言を行うものとされている。

（独立行政法人農林漁業信用基金による支援）

第四十六条　独立行政法人農林漁業信用基金は、林業経営者に対する経営の改善発達に係る助言その他の支援を行うことができる。

森林経営管理制度を利用することにより、林業経営者は、通常の場合と比べて特に急激な規模拡大を行うことが見込まれるが、他業も含め、その経営の改善発達を図り、経営を維持することが、本制度の安定的な運用に資する。

また、独立行政法人農林漁業信用基金（以下「信用基金」という。）は、金融関係業務を長年行ってきた中で、保険、融資及び債務保証の審査等の実施を通じて企業の財務状況を総覧することにより、財務状況等の分析や、原料調達、販売戦略等に関する知見を蓄積してきているほか、国、都道府県や業界とのネットワークにより、制度資金等に係る知見も豊富であり、補助金の活用等も含めた農林漁業に関する総合的な資金調達の手法に精通するに至っている。

このような事情を踏まえれば、信用基金の培ったノウハウを林業経営者の支援に有効活用することが適当であることから、信用基金は、林業経営者に対する経営の改善発達に係る助言その他の支援を行うことができるものとされている。

これに対応するものとして、独立行政法人農林漁業信用基金法（平成一四年法律第一二八号）第一二条第三項（業務の範囲）において、信用基金は、本条の規定による支援を行うことができるものとされている。

第七章　雑　則（第四七条―第五一条）

（情報提供等）
第四十七条　農林水産大臣は、共有者不明森林及び所有者不明森林に関する情報の周知を図るため、地方公共団体その他の関係機関と連携し、第十一条又は第二十五条の規定による公告に係る共有者不明森林又は所有者不明森林に関する情報のインターネットの利用による提供その他の必要な措置を講ずるように努めるものとする。

本法においては、共有者不明森林及び所有者不明森林において、市町村は、不明森林共有者及び不明森林所有者を探索するものとされている（法第一〇条及び法第二四条）。

この探索の実効性をより高めるために、共有者不明森林及び所有者不明森林に係る公告があった場合には、農林水産大臣は、これらの森林に関する情報を当該市町村以外にも周知するため、当該公告の内容について、地方公共団体その他の関係機関と連携し、共有者不明森林等に関する情報のインターネットの利用による提供その他の必要な措置を講ずるように努めるものとされている。

（都道府県による森林経営管理事務の代替執行）

第四十八条　都道府県は、その区域内の市町村における次に掲げる事務の実施体制の整備の状況その他の事情を勘案して、当該市町村の当該事務の全部又は一部を、当該市町村の名において管理し、及び執行すること（第三項において「森林経営管理事務の代替執行」という。）について、当該市町村に協議し、その同意を求めることができる。

一　経営管理意向調査に関する事務

二　経営管理権集積計画の作成に関する事務

三　市町村森林経営管理事業に関する事務

四　経営管理実施権配分計画の作成に関する事務

2　前項の同意があった場合には、地方自治法（昭和二十二年法律第六十七号）第二百五十二条の十六の二第一項の求めがあったものとみなす。この場合においては、同条第三項の規定は、適用しない。

3　都道府県は、森林経営管理事務の代替執行をしようとするときは、その旨及び森林経営管理事務の代替執行に関する規約を公告するものとする。森林経営管理事務の代替執行をする事務を変更し、又は森林経営管理事務の代替執行を廃止しようとするときも、同様とする。

本法において、市町村は、経営管理権を集積し、市町村森林経営管理事業を実施するとともに、民間事業者に経営管理実施権を設定するものとされているが、市町村によっては、これらに関する事務の実施に慣れておらず、実施体制が整うまでに時間を要する等の事情により、円滑な事務の実施に支障が生じることが考えられる。この点、都道府県は、市町村に比べ人員、予算等の規模が大きく、実施体制を整備することができると考えられる。また、複数の市町村域にまたがる森林について、流域、地形等を鑑みると、都道府県がまとめて計画の作成や事業の実施をする方がより効率的に行うことができるような場面も想定されるところである。

　このため、都道府県は、市町村が行う経営管理に関する事務のうち、
①　経営管理意向調査に関する事務
②　経営管理権集積計画の作成に関する事務
③　市町村森林経営管理事業に関する事務
④　経営管理実施権配分計画の作成に関する事務
について、実施体制の整備状況その他の事情を勘案して、当該事務の全部又は一部を、当該市町村の名において管理し、及び執行すること（以下「森林経営管理事務の代替執行」という。）について、当該市町村に協議し、その同意を求めることができるものとされている（本条第一項）。

　この場合において、都道府県発意で森林経営管理事務の代替執行ができるよう、地方自治法（昭和二二年法律第六七号）の特例として、市町村の同意を得た場合には、同法第二五二条の一六の二第一項の市町村の求めがあったものとみなすものとするとともに、本法では、代行できる事務を事実行為に限定していることから、議会の議決を経ることを不要とし、同条第三項を適用除外とするものとされている（本条第二項）。

　また、都道府県は、森林経営管理事務の代替執行をしようとするときは、都道府県及び当該市町村の住民並びに森林経営管理事務の代替執行をする事務の対象となる森林を所有する森林所有者への周知を図る観点から、その旨及び森林経営管理事務の代替執行に関する規約を公告するものとされている（本条第三項）。森林経営管理事務の代替執行をする事務を変更し、若しくは森林経営管理事務の代替執行を廃止しようとするときも同様とされている（本条第三項）。

（市町村に対する援助）
第四十九条　国及び都道府県は、市町村に対し、経営管理に関し必要な助言、指導、情報の提供その他の援助を行うように努めるものとする。

市町村が経営管理権集積計画及び経営管理実施権配分計画の作成、市町村森林経営管理事業の実施等を行うに当たっては、森林所有者等に支払うべき金額の算定方法の設定、林業経営者の選定、森林施業の実施等について専門的な知見が必要となることが想定されることから、国及び都道府県は、市町村に対し、必要な助言、指導、情報の提供その他の援助を行うように努めるものとされている。

（関係者の連携及び協力）

第五十条　国、地方公共団体、森林組合その他の関係者は、林業経営の効率化及び森林の管理の適正化の一体的な促進に向けて、相互に連携を図りながら協力するように努めるものとする。

経営管理権又は経営管理実施権が設定された森林において効率的な経営管理が実施されるためには、国有林及び都道府県有林も含めた効率的な路網整備や木材需給の見通しに関する情報の共有等が必要であるため、国、地方公共団体、森林組合その他の関係者は、林業経営の効率化及び森林の管理の適正化の一体的な促進に向けて、相互に連携を図りながら協力するように努めるものとされている。

（農林水産省令への委任）
第五十一条　この法律に定めるもののほか、この法律の実施のための手続その他この法律の施行に関し必要な事項は、農林水産省令で定める。

本法に定めるもののほか、本法の実施のための手続その他本法の施行に関し必要な事項は、農林水産省令で定めることとされている。

第八章　罰　則（第五二条・第五三条）

第五十二条　第四十二条第一項の規定による命令に違反した者は、三十万円以下の罰金に処する。

第五十三条　法人（法人でない団体で代表者又は管理人の定めのあるものを含む。以下この項において同じ。）の代表者若しくは管理人又は法人若しくは人の代理人、使用人その他の従業者が、その法人又は人の業務又は財産に関し、前条の違反行為をしたときは、行為者を罰するほか、その法人又は人に対して同条の刑を科する。

2　法人でない団体について前項の規定の適用がある場合には、その代表者又は管理人が、その訴訟行為につき法人でない団体を代表するほか、法人を被告人又は被疑者とする場合の刑事訴訟に関する法律の規定を準用する。

法第四二条第一項の規定による災害等防止措置命令を発出したにもかかわらず、当該命令対象森林の森林所有者が当該命令を履行しないとなると、法第四二条第一項各号の事態の発生を防止することができなくなるため、当該命令は確実に履行されるべきものである。また、当該命令が履行されないという事態は、当該命令により実現しようとする法益（法第四二条第一項各号の事態の発生防止）に照らして重大な義務違反といえることから、その履行を担保し、履行されない事態の発生を抑止する措置が必要である。このため、当該命令の履行を確保するため、命令違反に対する罰則が設けられている。

また、当該違反行為については、法人（人格のない社団又は財団で代表者又は管理人の定めのあるものを含む。）の両罰規定が設けられている（法第五三条）。

附　則

（施行期日）
第一条　この法律は、平成三十一年四月一日から施行する。ただし、附則第六条の規定は、公布の日から施行する。

本法は、我が国の人工林が利用期を迎えつつある現状を踏まえ、「伐って、使って、植える」という森林の循環的な利用を促進し、林業経営の効率化及び森林の管理の適正化の一体的な促進を図り、もって林業の持続的発展及び森林の有する多面的機能の発揮を確保しようとするものであり、管理されていない森林が増加している現状を踏まえれば可能な限り早期に施行する必要があるが、一方で、

① 本法は、市町村が森林の経営管理権の集積等を行う森林経営管理制度の創設を行うこととしているが、このような新たな制度を円滑に運営するためには、制度の詳細設計や関係者への周知を行うための期間を十分に設ける必要があること

② 本法に関する事務について、市町村において人員、予算等の実施体制を整備する必要があること

から、本法の施行期日については、当面する最初の年度の切り替わりとなる平成三一年四月一日とされている。

（林業経営基盤の強化等の促進のための資金の融通等に関する暫定措置法の特例）

第二条　林業経営基盤の強化等の促進のための資金の融通等に関する暫定措置法（昭和五十四年法律第五十一号）第九条に規定する資金であって林業経営者が貸付けを受けるものについての同条の規定の適用については、同条中「十二年」とあるのは、「十五年」とする。

【施行令　附則】

（林業経営基盤の強化等の促進のための資金の融通等に関する暫定措置法施行令の特例）

第二条　法附則第二条の規定により林業経営基盤の強化等の促進のための資金の融通等に関する暫定措置法第九条の規定を読み替えて適用する場合における林業経営基盤の強化等の促進のための資金の融通等に関する暫定措置法施行令（昭和五十四年政令第二百五号）第七条第二項の規定の適用については、同項中「十二年」とあるのは、「十五年」とする。

本法において林業経営者は、林業経営の規模拡大に当たり、施業の効率化に向けて高性能林業機械の導入・更新を行うことが想定される。このため、林業経営者が林業・木材産業改善資金助成法（昭和五一年法律第四二号。以下「改善資金法」という。）第二条第一項の林業・木材産業改善資金（以下「改善資金」という。）を借り入れる場合、ほかの民間事業者に比べて、一年当たりの返済負担が増加することとなる。

したがって、林業経営者の一年当たりの返済負担を平準化するために、林業経営基盤の強化等の促進のための資金の融通等に関する暫定措置法（昭和五四年法律第五一号。以下「基盤強化法」という。）第三条に規定する林業経営改善計画の認定を受けた林業経営者が改善資金を借り入れる場合には、その償還期間を延長し、一五年以内とされている。また、本条の規定により基盤強化法第九条の規定を読み替えて適用する場合における林業経営基盤の強化等の促進のための資金の融通等に関する暫定措置法施行令（昭和五四年政令第二〇五号）第七条第二項の規定の適用については、同項中「一二年」とあるのは、「一五年」とされている（施行規則附則第二条）。

運用通知・索引

【運用通知】

○森林経営管理法の運用について

〔平成三十年十二月二十一日　三〇林整計第七一三号〕

林野庁長官から各都道府県知事あて

森林経営管理法（平成三十年法律第三十五号。以下「法」という。）は平成三十年六月一日に、森林経営管理法施行令（平成三十年政令第三百二十号）は平成三十年十一月二十一日に、森林経営管理法施行規則（平成三十年農林水産省令第七十八号）は平成三十年十二月十九日に公布された。

法の運用に当たっては、下記事項に御留意の上、これらの法令に基づく制度の適正かつ円滑な運用につき特段の御配慮をお願いする。

また、都道府県知事におかれては貴管下の市町村その他関係者への周知方よろしくお願いする。

記

第1　法制定の趣旨

我が国の森林資源が充実する中、林業の成長産業化と森林資源の適切な管理を両立し、先人の築いた貴重な資産を継承・発展させることが、これからの森林・林業政策の主要課題となっている。

他方、現状、多くの森林所有者が林業経営の意欲を持てずにいる一方で、林業経営を行う民間事業者においては事業規模拡大のための事業地確保が課題となっており、このような森林所有者と民間事業者との間の連携を構築するための方策が必要となっている。

法においては、こうした状況を踏まえ、森林所有者に対して適切な経営管理を促すため、その責務を明確化するとともに、経営管理が行われていない森林について経営管理の確保を図るため、市町村が経営管理を行うために必要な権利を取得した上で、自ら経営管理を行い、又は意欲と能力のある林業経営者に委ねる等の措置を通じて、林業経営の効率化及び森林の管理の適正化の一体的な促進を図り、もって林業の持続的発展及び森林の多面的機能の発揮に資することを旨とするものである。

第2　定義

1　経営管理

(1)　法第二条第三項の「自然的経済的社会的諸条件」とは、樹種、林齢、傾斜、地形等の森林資源の状況、木材の供給先の配置、路網整備の状況等が挙げられる。

(2)　法第二条第三項の「適切な経営又は管理を持続的に行う」とは、自然的経済的社会的諸条件に応じて必要な伐採、造林、保育や木材の販売等を持続的に実施することをいう。

2　経営管理実施権

法第二条第五項に規定する経営管理実施権は、法第二条第四項に規定する経営管理権の範囲内で民間事業者に設定されるものとする。

第3　責務

1　森林所有者の責務

(1)　森林は、国土の保全、水源の涵養、自然環境保全、地球温暖化防止、木材の生産等の多面的機能を有しており、自然的社会的経済的諸条件に応じて適時に伐採、造林及び保育を実施しなければ、国民生活に大きな影響を及ぼし得ることから、森林所有者は所有者として森林を適切に経営管理する責務があることを法第三条第一項に規定し、その旨を明確化しているところである。

(2)　法第三条第一項の「適時に伐採、造林及び保育を実施する」とは、森林法（昭和二十六年法律第二百四十九号）第十条の五に規定する市町村森林整備計画に定められた標準的な施業方法から著しく逸脱せずに伐採、造林及び保育を実施することをいうものとする。

2　市町村の責務

法第三条第二項に規定する市町村の責務は、法において市町村がその区域内の森林において経営管理が行われるよう主導的な役割を果たすべき主体として位置付けられていることから、

その区域内の森林において経営管理が円滑に行われるためには、法に基づく措置の他に、人材育成や林地の境界明確化等の必要な措置を一体的に講ずる必要がある旨を規定したものである。

第4　経営管理権集積計画の作成

1　経営管理権集積計画を定める森林について

(1)　法第四条第一項の「当該森林についての経営管理の状況」とは、森林施業の状況、周辺森林における集約化の状況、今後の経営管理についての森林所有者の意向の状況等が挙げられる。

(2)　法第四条第一項の「当該森林の存する地域の実情その他の事情」とは、経営管理を担う民間事業者の状況、路網の整備状況、製材工場の立地状況等が挙げられる。

(3)　法第四条第一項の「当該森林の経営管理権を当該市町村に集積することが必要かつ適当であると認める場合」とは、経営管理が行われていない森林で、引き続き森林所有者が経営管理を行う見込みがない場合で、経営管理の集積を図ることにより林業経営の効率化や森林の管理の適正化が図られると認められる場合が挙げられる。

(4)　「経営管理が行われていない森林」とは、当該森林又は当該森林の周辺の森林の経営管理の状況等を総合的に勘案し、

森林の有する多面的機能の発揮のために間伐等の施業を実施すべきにもかかわらず、長期間にわたって施業が実施されていない森林のことをいうものとする。

2 経営管理権集積計画の記載内容について

(1) 法第四条第二項各号の規定により定める経営管理権集積計画の記載内容については、森林所有者の意向等の内容を勘案し、森林所有者と協議の上、定めるものとする。

(2) 法第四条第二項第三号の「市町村が設定を受ける経営管理権の始期及び存続期間」は、経営管理権集積計画の対象となる森林において、経営管理の実施により森林の機能が引き続き確保されるよう配慮して設定するものとする。

(3) 法第四条第二項第四号の「市町村が設定を受ける経営管理権に基づいて行われる経営管理の内容」は、法第四条第四項の規定により地方公共団体の森林の整備及び保全に関する計画との調和が保たれたものとする必要があることから、森林法第十条の五に規定する市町村森林整備計画に定められた同条第二項各号に規定する計画事項の内容に沿ったものとする。

また、経営管理権集積計画の対象となる森林が森林法第二十五条又は第二十五条の二の規定により指定された保安林である場合は、経営管理権集積計画の記載内容が当該保安林の指定施業要件を満たした内容とするものとする。

(4) 法第四条第二項第五号の「販売収益から伐採等に要する経費を控除してなお利益がある場合において森林所有者に支払われるべき金銭の額の算定方法」は、計画的かつ確実に伐採後の造林及び保育が実施されることにより経営管理が行われるよう、伐採後の造林及び保育に要する経費の算定方法を明示するものとする。

3 経営管理権集積計画の同意取得について

法第四条第五項の規定による所有権、地上権、質権、使用貸借による権利、賃借権又はその他の使用及び収益を目的とする権利を有する者（以下「関係権利者」という。）の全部の同意を得るに当たっては、市町村から関係権利者に対して、法の趣旨及び経営管理権集積計画の内容について説明し、調整を図るものとする。その際、市町村から森林所有者が当該計画の内容を十分に理解した旨の確認を行うものとする。

ただし、法第六条第一項の規定による経営管理権集積計画の作成の申出に係る森林については、当該申出をした森林所有者がその他の関係権利者に対して、法の趣旨及び経営管理権集積計画の内容について説明し、調整を図るものとする。その際、当該申出をした森林所有者から、当該申出をした森林所有者以外の森林所有者が当該計画の内容を十分に理解した旨の確認を行うこととしてかまわないものとする。

第5　経営管理意向調査

1　経営管理意向調査の対象森林について

法第五条の規定による経営管理意向調査については、当該調査の対象森林は、経営管理が行われていない森林であって、市町村が経営管理権を取得することで、林業経営の効率化や森林の管理の適正化が図られると見込まれるものを優先的に選定することが望ましい。

2　経営管理意向調査の計画的実施について

経営管理意向調査については、市町村の実施体制等を勘案し、複数年で実施できるものとするが、当該調査の対象森林は、当該調査を実施する時点で既に経営管理が行われていないことが見込まれることから、できる限り早急に経営管理の確保を図るため、施業の間隔を踏まえ、最長でも一五年で当該市町村の区域内に存する対象森林について当該調査を実施することを目安として、毎年、計画的に実施するよう努めるものとする。

3　経営管理意向調査の回答を踏まえた対応について

(1)　経営管理意向調査により、森林所有者から市町村に経営管理権の設定を希望する旨の意向が表明された場合、市町村は当該森林所有者に対して法の趣旨等について十分に説明するとともに、経営管理権集積計画を定めるべきと判断すれば、森林所有者と協議の上、速やかに経営管理権集積計画の作成手続を行うよう努めるものとする。

なお、経営管理意向調査により、森林所有者から市町村に経営管理権の設定を希望する旨の意向が表明された森林について、市町村が経営管理権集積計画を定めないこととした場合は、当該森林に関する情報を整理し、保存するものとする。

(2)　経営管理意向調査により、森林所有者から自ら経営管理を行う又は自ら委託先を探して経営管理を委託する旨の意向が表明された場合、市町村は当該森林所有者に対して当該森林の今後の施業予定について確認し、当該施業予定が森林法第十条の五に規定する市町村森林整備計画等に即して適切に施業が実施されるよう指導に努めるものとする。

第6　経営管理権集積計画の作成の申出

1　申出に係る森林を経営管理権集積計画の対象森林としない理由について

法第六条第二項の「当該申出に係る森林を集積計画対象森林としないこととしたとき」は、地域の実情等に応じて、林業経営の効率化及び森林管理の適正化の一体的な促進を図るとの法の趣旨に適合しない場合が挙げられる。

2　申出に係る森林を集積計画対象森林としない場合の情報整理等について

市町村は、申出があった森林について経営管理権集積計画を定めないこととした場合は、当該申出に係る森林に関する情報を整理し、保存するものとする。

第7 経営管理権集積計画の公告等

1 経営管理権集積計画の縦覧について

市町村は、法第七条第一項の規定による経営管理権集積計画の公告に当たっては、法第七条第一項及び森林経営管理法施行規則（平成三十年農林水産省令第七十八号。以下「規則」という。）第五条の規定に基づく経営管理権集積計画を定めた旨をインターネットの利用又は市町村の公報への掲載により公告するとともに、当該計画により設定された経営管理権の存続期間中、当該経営管理権集積計画を縦覧するものとする。

2 関係権利者への周知について

市町村は、公告した経営管理権集積計画について、その写しを関係権利者に送付するよう努めるものとする。

3 公告後に新たに関係権利者となった者の取扱い等について

(1) 市町村は、法第四条第二項第六号の規定により経営管理権集積計画に記載された森林所有者から当該経営管理権集積計画の対象森林について新たに権利を設定し、又は移転する旨の通知を受けた場合、当該森林所有者から新たな関係権利者となる予定の者に対して当該森林に経営管理権が設定されている旨を通知させるものとする。

(2) 市町村は、経営管理権集積計画の公告後、経営管理権集積計画に記載された森林所有者が変更となった場合（新たな森林所有者が国及び規則第六条第一号から第五号までに該当する場合を除く。）は、市町村の職権により経営管理権集積計画に記載された関係権利者の名義を変更できるものとする。なお、名義変更に当たっては、再度、経営管理権集積計画を定め、公告するという手続をとる必要はないものとする。

(3) 市町村は、市町村の職権により経営管理権集積計画に記載された関係権利者の名義を変更したときは、関係権利者に当該計画の写しを送付するものとする。

(4) 市町村は、法第九条第一項の規定により経営管理権集積計画を取り消した旨を公告したときは、その旨を関係権利者に対して通知するものとする。

(5) 市町村は、関係権利者の変更に関する情報等について整理し、保存するものとする。また、新たな関係権利者が森林の土地の所有者となる場合は、森林法第十条の七の二第一項の規定により森林の土地の所有者となった旨の届出をするよう指導するとともに、森林法第百九十一条の四の規定による林地台帳の記載を修正するものとする。

第8 共有者不明森林

1 共有者不明森林について

(1) 法第十条の「数人の共有に属する森林であってその森林所有者の一部を確知することができないもの」は、市町村による経営管理意向調査又は知れている森林所有者からの経営管理権集積計画の作成申出により森林所有者の一部が不明であることが明らかとなった森林とする。

(2) 「森林所有者の一部が不明であると明らかとなった森林」は、知れている森林所有者からの情報提供により他の森林所有者がいることが判明し、当該森林所有者に対して経営管理意向調査を実施したものの返答がない場合等、森林所有者の一部が所在不明であることが明らかになった森林が挙げられる。

2 共有者不明森林に係る公告等について

(1) 市町村は、法第十一条の規定により共有者不明森林に係る公告を行った場合、都道府県に対して、当該公告に係る森林の所在、当該公告をした場所等を報告するものとする。

(2) 都道府県は、市町村から共有者不明森林に係る公告に関する情報の報告を受けた場合、農林水産大臣に対して、当該情報を報告するものとする。また、当該情報の周知を図るため、インターネットへの掲載による提供その他の必要な措置を講ずるよう努めるものとする。

(3) 市町村は、共有者不明森林に係る公告の期間中に不明森林共有者が現れた場合、当該不明森林共有者が当該森林の森林所有者であることを確認した後、公告している経営管理権集積計画の取扱いについて知れている森林所有者及び現れた森林所有者の間で協議させるものとする。

(4) 法第十二条の規定により不明森林共有者が経営管理権集積計画に同意したものとみなされた場合、市町村は、同意したとみなされた当該計画について、法第七条第一項に基づく経営管理権集積計画を定めた旨の公告を行うものとする。その際、共有者不明森林に係る特例手続によって定められたことが明らかとなるよう配慮するものとする。

3 経営管理権集積計画の公告後に不明森林共有者が現れた場合について

法第七条第一項に基づく経営管理権集積計画を定めた旨の公告後に不明森林共有者が現れた場合、市町村は当該不明森林共有者が当該森林の森林所有者であることを確認した後、定められた経営管理権集積計画の取扱いについて、市町村と知れている森林所有者の間で協議するものとする。

4 共有者不明森林に係る経営管理権集積計画の取消しについて

(1) 法第十四条第一項第二号の「予見し難い経済情勢の変化その他経営管理権集積計画のうち当該森林所有者に係る部分を取り消すことについてやむを得ない事情」とは、当該経営管理権集積計画の公告後に、当該森林の周辺において公共事業等が計画されたことで当該森林を森林以外の用途に利用することとなった場合等が挙げられる。

(2) 法第十四条第一項第二号の「通常生ずべき損失の補償」とは、森林の経営管理に係る標準的な投下費用又は当該森林について経営管理権集積計画の取消しが行われなかった場合に林業経営者が本来得られたはずの利益が挙げられる。

(3) 市町村は、法第十五条第一項の規定により経営管理権集積計画の取消しの公告を行った場合、当該計画の対象森林の知れている全ての関係権利者に対して、その旨を通知する。また、経営管理実施権が設定されている場合にあっては、当該経営管理実施権の設定を受けている林業経営者にも通知するものとする。

第9　確知所有者不同意森林

1　確知所有者不同意森林について

法第十六条の「森林所有者が当該経営管理権集積計画に同意しないもの」は、市町村が経営管理意向調査を行ったにもかかわらず確知森林所有者が経営管理の意向を示さない森林又は確知森林所有者が自ら経営管理を実施する旨の意向を示したにもかかわらずその後経営管理を実施していない森林であり、かつ市町村が経営管理権集積計画を定めることについて確知森林所有者が同意しない森林とする。

2　確知所有者不同意森林で定めようとする経営管理権集積計画の内容について

市町村は、確知所有者不同意森林について経営管理権集積計画を定めるときは、当該森林の確知森林所有者と当該計画の内容について協議することができないため、経営管理の内容については、森林の現況、経営管理の状況等を勘案し、法目的の達成のために必要と認められる最小限のものであるとともに、森林法第十条の五に規定する市町村森林整備計画に定める標準的な方法を記載するものとする。

3　同意の勧告について

法第十六条の規定による同意の勧告は、確知森林所有者が法第三条第一項に基づく責務を果たしていない場合であることが前提となることから、市町村は、勧告を行う前に当該確知森林所有者の意向等を適確に把握し、その意向等に沿って経営管理を実施するよう当該確知森林所有者に対して促すとともに、それでもなお当該確知森林所有者が経営管理を行わない場合であって、かつ、当該森林について経営管理権集積計画を定めることが必要かつ適当と考えられる場合には、当該経営管理権集積計画について当該確知森林所有者の同意が得られるよう十分に努めるものとする。

これらを踏まえてもなお、確知森林所有者の同意が得られない場合には、勧告すべき事項について十分な検討を行い、現地調査等により森林の状況を十分考慮し、周辺の森林の経営管理への影響等を勘案した上で勧告するものとする。

4　確知所有者不同意森林に係る裁定等について

(1)　法第十六条の規定による勧告の後に当該勧告を受けた確知森林所有者が当該森林に係る経営管理権集積計画に同意した場合、市町村は、法第十七条の規定による都道府県知事の裁定を申請できないことに留意するものとする。

(2)　法第十六条の規定による勧告の後、当該勧告を受けた確知森林所有者が当該森林の経営管理について方針を示した場合、法第十九条第一項の規定による都道府県知事の裁定によらずとも経営管理が確保される可能性があることから、市町村は、法第十七条の規定による都道府県知事の裁定を申請しないものとする。

(3)　法第十九条第一項の「現に経営管理が行われておらず、かつ、前条第一項の意見書の内容、当該確知所有者不同意森林の自然的経済的社会的諸条件、その周辺の地域における土地の利用の動向その他の事情を勘案して、当該確知所有者不同意森林の経営管理権を当該申請をした市町村に集積することが必要かつ適当であると認める場合」は、森林法第十条の五に規定する市町村森林整備計画に定められた標準的な施業方法から著しく逸脱しているにもかかわらず施業が実施されておらず、かつ経営管理意向調査により経営管理を行う意思がない場合又は示された施業予定に沿って施業が実施されておらず、市町村の長の勧告に対しても正当な理由無く応じなかった場合であって、当該森林の森林資源の状況、路網整備の状況、当該森林の周辺の地域における森林の経営管理及びその集積・集約化の状況、周辺の森林所有者等が集積・集約の意向を有しているか、確知森林所有者からの意見書により提出された施業予定が適切か、森林としての利用以外の土地の利用を計画しているときは森林法第十条の二の規定による開発行為の許可の申請等が適切になされているか等の事情を勘案して、市町村に経営管理権を設定することが必要かつ適当であると認める場合が挙げられる。

(4)　都道府県知事は、確知所有者不同意森林の確知森林所有者に対して、法第二十条第一項による裁定した旨を通知するときは、当該裁定について行政不服審査法に定める審査請求及び行政事件訴訟法に定める処分の取消しの訴えを提起できる旨を明示するものとする。

(5)　法第二十条第三項の規定により確知森林所有者が経営管理権集積計画に同意したものとみなされた場合、市町村は、同意したとみなされた当該計画について、確知所有者不同意森林に係る特例手続によって定められたことが明らかとなるよう配慮した上で、法第七条第一項に基づく経営管理権集積計画を定めた旨の公告を行うものとする。

5　確知所有者不同意森林に係る経営管理権集積計画の取消しについて

(1)　法第二十二条第一項第二号の「予見し難い経済情勢の変化その他経営管理権集積計画のうち当該森林所有者に係る部分を取り消すことについてやむを得ない事情」とは、当該経営管理権集積計画の公告後に、当該森林の周辺において公共事業等が計画されたことで当該森林を森林以外の用途に利用することとなった場合等が挙げられる。

(2)　法第二十二条第一項第二号の「通常生ずべき損失の補償」とは、森林の経営管理に係る標準的な投下費用又は当該森林について経営管理権集積計画の取消しが行われなかった場合に林業経営者が本来得られたはずの利益が挙げられる。

(3)　市町村は、法第二十三条第一項の規定により経営管理権集積計画の取消しの公告を行った場合、当該計画の対象森林の知れている全ての関係権利者に対して、その旨を通知する。また、経営管理実施権が設定されている場合にあっては、当該経営管理実施権の設定を受けている林業経営者にも通知するものとする。

第10　所有者不明森林

1　所有者不明森林について

(1)　法第二十四条の「森林所有者を確知することができないもの」は、市町村による経営管理意向調査により森林所有者が不明であることが明らかとなった森林とする。

(2)　「森林所有者が不明であることが明らかとなった森林」は、森林法第百九十一条の四の規定による林地台帳に記載された森林所有者に対して経営管理意向調査を実施したものの返答がない場合等、森林所有者が所在不明であることが明らかになった森林が挙げられる。

2　所有者不明森林で定めようとする経営管理権集積計画の内容について

市町村は、所有者不明森林で経営管理権集積計画を定めるときは、当該森林の森林所有者と当該計画の内容について協議することができないため、経営管理の内容については、森林の現況、経営管理の状況等を勘案し、法目的の達成のために必要と認められる最小限のものであるとともに、森林法第十条の五に規定する市町村森林整備計画に定める標準的な方法を記載するものとする。

3　所有者不明森林に係る公告等について

(1) 市町村は、法第二十五条の規定により所有者不明森林に係る公告を行ったときは、都道府県に対して、当該公告に係る森林の所在、当該公告をした場所等を報告するものとする。

(2) 都道府県は、市町村から所有者不明森林に係る公告に関する情報の報告を受けたときは、農林水産大臣に対して、当該情報を報告するものとする。また、当該情報の周知を図るため、インターネットへの掲載による提供その他の必要な措置を講ずるよう努めるものとする。

(3) 市町村は、所有者不明森林に係る公告の期間中に不明森林所有者が現れたときは、当該不明森林所有者が当該森林の森林所有者であることを確認するものとする。当該不明森林共有者が当該森林の森林所有者であった場合は、当該森林は所有者不明森林ではなくなるため、市町村は、当該公告は直ちに取りやめるとともに、公告している経営管理権集積計画の取扱いについて市町村と現れた森林所有者の間で協議するものとする。

4 所有者不明森林に係る裁定等について

(1) 法第二十七条第一項の「現に経営管理が行われておらず、かつ、当該所有者不明森林の自然的経済的社会的諸条件、その周辺の地域における土地の利用の動向その他の事情を勘案して、当該所有者不明森林の経営管理権を当該申請をした市町村に集積することが必要かつ適当であると認める場合」は、森林法第十条の五に規定する市町村森林整備計画に定められた標準的な施業方法から著しく逸脱しているにもかかわらず施業が実施されておらず、かつ実際に経営管理を実施している者がいないことが法第二十四条に規定する探索により明らかである場合であって、当該森林の森林資源の状況、路網整備の状況、当該森林の周辺の地域における森林の経営管理及びその集積・集約化の状況、周辺の森林所有者等が集積・集約の意向を有しているか等の事情を勘案して、市町村に経営管理権を設定することが必要かつ適当であると認める場合が挙げられる。

(2) 都道府県知事は、法第二十八条第一項による裁定した旨の公告を行うときは、裁定後に当該森林の不明森林所有者が現れた場合は当該裁定について行政不服審査法に定める審査請求及び行政事件訴訟法に定める処分の取消しの訴えを提起できる旨を明示するものとする。

(3) 法第二十八条第三項の規定により不明森林所有者が経営管理権集積計画に同意したものとみなされた場合、市町村は、同意したとみなされた当該計画について、所有者不明森林に係る特例手続によって定められたことが明らかとなるよう配慮した上で、法第七条第一項に基づく経営管理権集積計画を定めた旨の公告を行うものとする。

5 供託

都道府県知事は、法第二十九条第一項の規定による供託について、裁定において定められた供託の時期までに供託すべき金銭が供託されたことを供託書正本の写しにより確認することが望ましい。

6 経営管理権集積計画の公告後に不明森林所有者が現れた場合について

法第七条第一項に基づく経営管理権集積計画を定めた旨の公告後に不明森林所有者が現れたときは、市町村は当該不明森林所有者が当該森林の森林所有者であることを確認した後、定められた経営管理権集積計画の取扱いについて、市町村と現れた森林所有者の間で協議するものとする。

また、当該森林について供託された金銭がある場合、市町村は、その旨を現れた森林所有者に対して情報提供するものとする。

7 所有者不明森林に係る経営管理権集積計画の取消しについて

(1) 法第三十一条第一項第二号の「予見し難い経済情勢の変化その他経営管理権集積計画のうち当該森林所有者に係る部分を取り消すことについてやむを得ない事情」とは、当該経営管理権集積計画の公告後に、当該森林の周辺において公共事業等が計画されたことで当該森林を森林以外の用途に利用することとなった場合等が挙げられる。

(2) 法第三十一条第一項第二号の「通常生ずべき損失の補償」とは、森林の経営管理に係る標準的な投下費用又は当該森林について経営管理権集積計画の取消しが行われなかった場合に林業経営者が本来得られたはずの利益が挙げられる。

(3) 市町村は、法第三十二条第一項の規定により経営管理権集積計画の取消しの広告を行った場合、当該計画の対象森林の知れている全ての関係権利者に対して、その旨を通知する。

また、経営管理実施権が設定されている場合にあっては、当該経営管理実施権の設定を受けている林業経営者にも通知するものとする。

第11 市町村森林経営管理事業

1 事業の適正な発注について

法第三十三条第一項の規定による市町村森林経営管理事業の発注に当たっては、適正な発注となるよう留意するものとする。

2 複層林化その他の方法について

法第三十三条第二項の「複層林化その他の方法」は、自然的条件が悪く林業経営に適さない森林において間伐を繰り返して複層林化する方法や自然的条件が良く林業経営に適しているものの民間事業者に経営管理実施権を設定できていない森林において間伐により長伐期施業を実施する方法等が挙げられる。

3　市町村森林経営管理事業終了後の森林の取扱いについて
市町村は、市町村森林経営管理事業が当該森林の公益的機能の発揮のために実施されることを踏まえ、必要に応じて、当該事業終了後の当該森林の保安林指定について、都道府県と調整する等の対応を検討することが望ましい。

第12　経営管理実施権配分計画の作成

1　経営管理実施権配分計画を定める森林について
規則第二十九条の「当該経営管理実施権配分計画の作成の時期及び経営管理実施権を設定しようとする森林の所在場所等につき適切な配慮」とは、経営管理権を設定後、速やかに経営管理実施権配分計画を作成するとともに、林業経営の効率化の促進を図る観点から面的にまとまりのあるものとなるように配慮するものとする。

2　経営管理実施権配分計画の記載内容について
⑴　法第三十五条第二項各号の規定により定める経営管理実施権配分計画の記載内容については、当該計画の対象森林に係る経営管理権集積計画の記載内容の範囲内にするとともに、経営管理実施権の設定を受ける民間事業者の同意を得た上で定めるものとする。
⑵　法第三十五条第二項第四号の「民間事業者が設定を受ける経営管理権の始期及び存続期間」は、経営管理実施権配分計画の対象となる森林において、経営管理の実施により森林の機能が引き続き確保されるよう配慮して設定するものとする。

第13　都道府県による民間事業者の公募・公表

1　民間事業者の公募・公表の進め方について
⑴　都道府県が民間事業者の公募・公表を行う際には、市町村の意向が反映されるように、市町村との連携を図るものとする。
⑵　法第四十四条第一項の規定に鑑み、都道府県と森林管理局及び森林管理署等は、民間事業者の公募・公表が円滑に行われるよう相互に必要な情報を共有する等連携を図るよう努めるものとする。

2　公募の実施について
⑴　法第三十六条第一項の規定による民間事業者の公募に当たり、都道府県は、法第三十六条第四項の規定に基づき過程の透明化を図る観点から、都道府県のホームページ等を利用して、広く公募について周知するものとする。また、市町村や民間事業者等が組織する団体等にも周知することが望ましい。
⑵　市町村が経営管理実施権を設定することを踏まえ、法第三十六条第一項の「都道府県が定める区域」は、市町村単位を基本とするが、公募の方法としては、都道府県全域で一括し

て公募を行い、民間事業者が応募する際に、経営管理実施権の設定を受けることを希望する区域（市町村）を記載させることをもって、都道府県が定める区域（市町村）ごとに公募したものとして差し支えない。なお、都道府県は、都道府県の出先機関等の単位でそれぞれ公募手続きを行うことも可能である。

3　公募要領等の策定について

都道府県は、民間事業者を公募するに当たり、公募要領等をあらかじめ定めるものとする。その際、当該公募要領等には以下を明記するものとする。

(1)　応募のあった民間事業者のうち、法第三十六条第二項に規定する要件に適合するものについて、その応募の内容に関する情報を整理して公表すること

(2)　応募の内容のうち公表（閲覧に供するものを含む。）されることとなる情報の範囲

(3)　法第三十六条第二項に規定する要件に適合するか否かを判断する基準

(4)　法第三十六条第二項に規定する要件に適合するか否かを判断するために必要な情報として民間事業者に提出を求める内容

4　法第三十六条第二項に規定する要件に適合するか否かを判断する基準について

(1)　経営管理実施権の設定を受けることを希望する民間事業者が法第三十六条第二項に規定する要件に適合するか否かを判断する基準については、別紙の考え方を参考に都道府県において定めるものとする。

(2)　都道府県は、規則第三十二条第一項の規定により、公表すべき民間事業者について市町村が都道府県に対して推薦できることを踏まえ、法第三十六条第二項に規定する要件に適合するか否かを判断する基準の設定に当たって事前に市町村に意見照会し、市町村からの意見を踏まえて基準を定めるものとする。

(3)　法第三十六条第二項に規定する要件に適合するか否かを判断する基準については、都道府県内で共通のものが想定されるが、都道府県は、市町村からの意見があった場合等には、当該市町村の地域事情を踏まえた当該市町村内にのみ適用する基準を定めることもできるものとする。

5　市町村による民間事業者の推薦について

(1)　規則第三十二条第一項の規定により、市町村は、都道府県に対し、応募した民間事業者の中から、都道府県が公表する民間事業者にふさわしい者を推薦することができることから、都道府県は、応募のあった民間事業者に関する情報を整

理した上で、法第三十六条第二項の規定による公表を行う前に、民間事業者が経営管理実施権の設定を受けることを希望する市町村ごとに、民間事業者に関する情報を当該市町村に提示するものとする。

(2) 市町村は、提示された情報及び法第三十六条第二項に規定する要件を踏まえて、必要に応じて公表すべき民間事業者の推薦を行うものとする。

6 民間事業者の公表について

(1) 法第三十六条第二項の規定による民間事業者の公表に当たり、都道府県は、市町村から推薦を受けた場合はその意向も踏まえた上で、4の基準に基づき、応募のあった民間事業者が法第三十六条第二項の要件に適合するか否かを判断するものとする。

(2) 都道府県は、応募のあった民間事業者に対し、公表に該当するか否かについて事前に通知することが望ましい。

(3) 都道府県は、公表に当たり、法第三十六条第四項の規定に基づき過程の透明化を図る観点から、都道府県のホームページ等を利用して、閲覧できるようにするものとする。なお、ホームページ等では民間事業者の名簿のみを掲載し、詳細の情報については都道府県の担当課等において閲覧できるようにすることも可能である。

7 公表内容の有効期間と内容の修正について

(1) 都道府県は、公表内容の有効期間を三年、五年等の複数年とすることも、当該年度限りとすることも可能であるが、有効期間を複数年とした場合、民間事業者を公表した年以降で少なくとも年一回は当該民間事業者に対して公表内容の変更の有無を照会することが望ましい。

(2) 都道府県は、公表内容に変更が生じた場合は、速やかに公表内容を修正し、修正した旨を関係する市町村に通知するものとする。

8 公表の取りやめについて

(1) 都道府県は、公表した民間事業者が、公表後に法第三十六条第二項に規定する要件に適合しなくなったと認められる場合は、当該民間事業者の情報についての公表を取りやめるものとする。

(2) 都道府県は、公表を取りやめた場合は、速やかに関係する市町村及び当該民間事業者にその旨を通知するとともに、当該民間事業者名及び公表を取りやめた理由を法第三十六条第二項の規定による民間事業者の公表と同様の手法により公表するものとする。

第14 経営管理実施権配分計画の公告等

1 市町村は、法第三十七条第一項の規定による経営管理実施権配分計画の公告を行う前に森林所有者に対して、当該経営管理実施権配分計画の内容及び経営管理実施権の設定を受ける民間事業者の企画提案の内容について情報を提供するよう努めるものとする。

2　経営管理実施権配分計画の縦覧について

市町村は、法第三十七条第一項の規定による経営管理実施権配分計画の公告に当たっては、法第三十七条第一項及び規則第三十四条の規定に基づく経営管理実施権配分計画を定めた旨をインターネットの利用又は市町村の公報への掲載により公告するとともに、当該計画の存続期間中、経営管理実施権配分計画を縦覧するものとする。

3　関係権利者への周知について

公告した経営管理実施権配分計画について、その写しを林業経営者及び森林所有者に送付するよう努めるものとする。

4　公告後に新たに森林所有者となった者の取扱い等について

(1)　市町村は、公告後に経営管理実施権配分計画の対象森林について、新たに森林所有者となる者が生じることが見込まれる場合、当該森林の森林所有者から、新たな森林所有者となる予定の者に対して当該森林に経営管理実施権が設定されている旨を通知させるものとする。

(2)　市町村は、経営管理実施権配分計画を公告した後、経営管理実施権配分計画に記載された森林所有者が変更となった場合（新たな森林所有者が国及び規則第六条第一号から第五号に該当する場合を除く。）は、市町村の職権により経営管理実施権配分計画に記載された森林所有者の名義を変更するものとする。なお、名義変更に当たっては、再度、経営管理実施権配分計画を定め、公告するという手続をとる必要はないものとする。

(3)　市町村は、市町村の職権により経営管理実施権配分計画に記載された森林所有者の名義を変更したときは、林業経営者及び新たな森林所有者に当該計画の写しを送付するものとする。

(4)　市町村は、法第四十一条第一項の規定により経営管理実施権配分計画を取り消した旨を公告したときは、その旨を林業経営者及び森林所有者に対して通知するものとする。

(5)　市町村は、森林所有者の変更に関する情報等について整理し、保存するものとする。

第15　林業経営者に対する指導等

1　計画的かつ確実な伐採後の植栽及び保育の実施等について

(1)　市町村は、林業経営者が計画的かつ確実な伐採後の植栽及び保育を実施するよう、法第三十八条の規定に基づき木材の販売収益について伐採後の植栽及び保育に要すると見込まれる額を適切に留保し、森林所有者ごとに適切に管理するよう林業経営者に対して指導するものとする。

(2) 市町村は、法第三十九条の規定により林業経営者に対し、経営管理の状況その他必要な事項に関し報告を求めるに当たっては、当該森林の経営管理の実施状況、伐採後の植栽及び保育に要すると見込まれるものとして留保している金銭の額の状況、林業経営者の経営状況等について、報告を求めるものとする。

なお、報告を求めるに当たっては、毎事業年度の終了後三月以内に報告を求めることが望ましい。

2 法令制限の変更に係る林業経営者に対する通知について

市町村は、林業経営者が経営管理を行うに当たって、法令制限を踏まえて必要な手続を行えるよう、経営管理実施権が設定された森林について保安林の指定又は解除がある旨の通知を受けた場合等、当該森林に係る法令制限の変更等について情報を得た場合には、その情報について、林業経営者に通知するものとする。

3 森林経営計画作成の指導について

市町村は、経営管理実施権が設定された森林について、適切な施業を確保するため、林業経営者に対して、法第三十七条第一項の規定による経営管理実施権配分計画の公告後、当該森林について森林法第十一条に規定する森林経営計画を作成するよう指導するものとする。

4 経営管理によって発生する金銭の会計処理について

(1) 林業経営者が経営管理実施権に基づき経営管理を行うことで発生した金銭は、森林所有者又は林業経営者が受け取ると、所得税又は法人税の課税対象となることから、市町村は、林業経営者に対して、当該金銭が会計上適切に処理されるよう指導するよう努めるものとする。

(2) 林業経営者が経営管理実施権に基づき木材を販売した場合、市町村は、林業経営者に対して、木材の販売により得られた販売収益、当該販売収益から控除する立木の伐採や木材の販売に要した経費の額等について、遅滞なく森林所有者に通知するよう指導するものとする。

また、木材の販売収益のうち伐採後の植栽及び保育に要すると見込まれる額として林業経営者が留保する金銭について、林業経営者から森林所有者に対して、当該金銭が森林所有者の山林所得の一部となる旨を十分に周知するとともに当該金銭の管理状況等について通知するよう指導するものとする。

第16 災害等防止措置命令

1 災害等防止措置命令の発出の基準等について

(1)　法第四十二条第一項の「伐採又は保育が実施されておらず、かつ、引き続き伐採又は保育が実施されないことが確実であると見込まれる森林」及び法第四十二条第一項第一号から第四号に掲げる事態の発生を防止するために必要かつ適当であると認める場合については、対象となる森林の現況、当該森林及びその周辺の地域における過去の土砂の流出若しくは崩壊その他の災害又は環境を悪化させる事態の発生状況、当該森林の現に有する水害の防止の機能に依存する地域における過去の水害の発生状況、当該森林の現に有する水源の涵養の機能に依存する地域における過去の渇水の発生状況、地形、土壌、気象等の自然的条件について十分に現地調査を行うとともに、必要に応じ専門家の意見を聴いた上で判断するものとする。

(2)　法第四十二条第一項の「その必要の限度において」とは、伐採又は保育等の実施により災害等の発生を防止するという目的の達成に必要な面積にとどめるべきであるという趣旨である。

(3)　法第四十二条第一項の「期限」は、災害等防止措置命令の対象となる森林において、速やかに伐採又は保育等が実施されるべきであるため、おおむね一年の範囲内で定めるものとする。

(4)　法第四十二条第一項の「災害等防止措置」は、法第四十二条第一項第一号から第四号までに掲げる事態ごとに、当該事態を防止するために必要な伐採、保育等の森林の施業を行うものである。

2　災害等防止措置の代執行について

(1)　法第四十三条第一項の「相当の期限」は、六月は確保することが望ましい。

(2)　法第四十三条第一項第一号の「災害等防止措置を講ずべきことを命ぜられた森林所有者が、当該命令に係る期限までに当該命令に係る災害等防止措置を講じないとき、講じても十分でないとき、又は講ずる見込みがないとき」は、災害等防止措置を講ずべきとして命令書を交付された森林所有者が当該命令書に定められた期限内に災害等防止措置を行わない又は当該命令書に記された災害等防止措置に比べ十分な措置を実施していない場合が挙げられる。

(3)　法第四十三条第一項第三号の「緊急に災害等防止措置を講ずる必要がある場合において、前条第一項の規定により当該災害等防止措置を講ずべきことを命ずるいとまがないとき」は、既に枯損木が多数発生しており、台風期に風倒により隣接する森林や施設に被害を与えることが予見される場合等、災害等防止措置を講ずべきことを命ずるいとまがない場合が挙げられる。

第17　林業経営者に対する支援措置

1　国有林野事業における配慮等

(1)　法第四十四条第一項の「国有林野事業に係る伐採等を他に委託して実施する場合には、林業経営者に委託するように配慮する」とは、林業経営者が林業経営の更なる効率化を図る機会が得られるよう対応することをいう。

(2)　法第四十四条第二項の「森林法第七条の二第一項に規定する国有林を所管する国の機関」とは、森林管理局及び森林管理署等（以下「森林管理局等」という。）である。森林管理局等が民有林関係者に対する技術普及のための現地検討会等を開催するに当たっては、関係地方公共団体を通じて林業経営者に対して参加を呼びかける等の対応に努めるものとする。

2　指導及び助言

国及び都道府県は、林業経営者が林業経営の効率化の実効性を高めることができるよう、法第四十五条の規定により補助、金融、税制等の内容、各種林業・木材産業施策に関する情報等を林業経営者に提供するものとする。

第18　市町村に対する援助等

市町村が経営管理権集積計画及び経営管理実施権配分計画の作成、市町村森林経営管理事業等を行うに当たっては、経営管理実施権を設定する民間事業者の選定、森林施業の実施等について専門的な知見が必要となることが想定されることから、国及び都道府県は、法第四十九条の規定により市町村に対し、必要な助言、指導、情報の提供その他の援助を行うよう努めるものとする。

第19　国への報告

法第四十九条の規定により国及び都道府県は、市町村に対し、経営管理に関し必要な助言、指導、情報の提供その他の援助を行うように努めるものとされていることから、市町村に対し、地方自治法第二百四十五条の四の規定に基づき当該助言等に必要な資料の提供を求めることとし、市町村は、国及び都道府県からの求めに応じ、法に基づく取組状況等について報告するものとする。

第20　制度の周知

法の趣旨に鑑み、都道府県知事及び市町村の長は、制度の内容について、森林所有者である者はもとより広く住民に周知徹底を図るよう配慮するものとする。

別紙（第13の４の⑴関係）

法第36条第２項に規定する要件に適合するか否かを判断する項目とその基準の考え方

法第36条第２項に規定する要件に関し、基本的な考え方は以下のとおりとする。

以下において民間事業者は、「森林組合・会社・個人経営等の組織形態を問わず、自己又は他人の保有する森林において、事業主自身若しくは直接雇用している現場作業職員により又は他者への請負により、造林、保育、素材生産等の林業生産活動を行っている民間の事業者」とする。

１．経営管理を効率的かつ安定的に行う能力を有すると認められること

以下の⑴～⑼の項目のうち、当該民間事業者の事業内容に該当する項目の基準をすべて満たしているものとする。

ただし、⑵～⑺に関しては、１年以内に各項目の基準を満たすことが確実に見込まれる場合を含めて差し支えないものとする。

また、各地域における民間事業者の育成方針等を踏まえ、必要に応じ、項目の追加や統合、各項目の基準の変更等を行って差し支えないものとする。

なお、造林、保育、素材生産等の施業に関する項目については、事業主自身若しくは直接雇用している現場作業職員による施業のほか、他者への請負による施業も含めて判断するものとする。

項目	基準	説明
⑴生産量の増加又は生産性の向上	素材生産に関し、生産量を一定の割合以上で増加させる目標を有していること、又は生産性を一定の割合以上で向上させる目標を有していること。 生産量又は生産性の実績が一定の水準以上の場合は、当該実績以上の目標を有していること。	現在の生産量の大小や生産性の高低は問わない。このため、生産量や生産性の下限等を設けることのないよう留意されたい。 「一定の割合」については、５年間で約２割又は３年間で約１割を目安とする。 「一定の水準」については、生産量に関し5,000㎥/年、生産性に関し間伐８㎥/人日、主伐11㎥/人日を目安とする。 生産性については、上記の物的労働生産性のほか、付加価値労働生産性等を用いることも可能とする。また、素材生産のほか、造林や保育の生産性等の目標を設定することも可能とする。
⑵生産管理又は流通合理化等	以下のいずれかに取り組んでいること。 ・　作業日報の作成・分析による進捗管理、生産工程の見直し、作業システムの改善等の適切な生産管理	

	・　製材工場等需要者との直接的な取引、木材流通業者や森林組合系統などの取りまとめ機関を通じた共同販売・共同出荷、森林所有者や工務店等と連携したいわゆる「顔の見える木材での快適空間づくり」等の原木の安定供給・流通合理化等	
(3)造林・保育の省力化・低コスト化	伐採・造林の一貫作業システムの導入、コンテナ苗の使用、低密度植栽、下刈の省略等に取り組んでいること。	
(4)主伐後の再造林の確保	以下の両方に該当すること。 ・　主伐及び主伐後の再造林を一体的に実施する体制を有すること。 ・　主伐後に適切な更新を行うこと。ただし、他者の所有する森林の主伐にあっては、事前に森林所有者に対する適切な更新の働きかけに取り組んでいること。	「一体的に実施する体制」とは、主伐と再造林の両方を実施できる体制があることとする。 ただし、主伐と再造林のどちらか一方を行わない民間事業者の場合は、もう一方を実施する他の民間事業者との連携協定等により一体的に実施できる体制があることとする。 「適切な更新」については、市町村森林整備計画等を踏まえつつ、林地生産力が比較的高く傾斜が緩やかな人工林において主伐を行う場合は再造林を基本とする（ただし、経営管理実施権の設定を受けた森林については植栽により再造林を行う必要がある。）
(5)生産や造林・保育の実施体制の確保	素材生産又は造林・保育に関して3年以上の事業実績を有すること、又は所属する現場作業職員の現場従事実績等が3年以上であること。	「事業実績」及び「現場従事実績等」の「3年以上」は連続していることを要さない。 「3年以上」に満たない場合であっても、所属する現場作業職員が林業大学校等で2年間の課程を修了し、かつ1年以上の現場従事実績を有している場合等作業の質や安全性等に関して同程度以上の能力を有していると認められる場合は、基準を満たしているものとする。
(6)伐採・造林に関する行動規範の策定等	伐採と造林の一体的かつ適切な実施に向けて民間事業者が遵守すべき行動規範の策定等を行っていること。	「行動規範の策定等」には、民間事業者が専門家の指導等を受けつつ個別に行動規範を策定することのほか、所属する業界団体や都道府県・市町村等が策定した行動規範やガイドライン等の遵守を約束することを含む。

		行動規範やガイドライン等には、伐採前の現地確認の徹底等誤伐の未然防止を図る措置を盛り込むことが望ましい。 また、行動規範やガイドライン等が遵守されていることを確認する体制を整備することが望ましい。
(7)雇用管理の改善及び労働安全対策	以下のすべてを満たしていること。 ・　林業労働力の確保の促進に関する法律第4条に基づく各都道府県の基本計画に定められた労働環境の改善その他の雇用管理の改善を促進するための措置に係る取組又はこれに準ずる取組を行っていること。 ・　現場作業職員等に対し、労働安全衛生法に基づく安全衛生教育を行っていること。 ・　労働者災害補償保険に加入していること（一人親方等の特別加入を含む）。 ・　以下に定める届出を行っていること（届出の義務がない場合を除く）。 健康保険法第48条の規定による届出 厚生年金保険法第27条の規定による届出 雇用保険法第7条の規定による届出	「第4条に基づく……（略）……取組又はこれに準ずる取組」とは、たとえば以下の取組である。 ・　現場作業職員の常用化等の雇用の安定化、月給制度や週休2日制の導入等の労働条件の改善、計画的な研修実施等の教育訓練の充実、退職金共済への加入等の福利厚生の充実等の雇用管理の改善 ・　リスクアセスメント、防護具の着用の徹底、作業現場の安全巡回、労働安全コンサルタント等専門家による安全診断・指導等の労働安全対策 「現場作業職員等」には事業主自身を含み、必要な安全衛生教育を修了していること、又はこれらと同等の技能を有していると認められることをもって基準を満たしているものとする。
(8)コンプライアンスの確保	以下のいずれにも該当しないこと。 ・　業務に関連して法令に違反し、代表役員等や一般役員等が逮捕され、又は逮捕を経ないで公訴を提起されたときから1年間を経過していない者 ・　業務に関連して法令に違反し、事案が重大・悪質な場合であって再発防止に向けた取組が確実に行われると認められない者 ・　国、都道府県又は市町村から入札参加資格の指名停止を受けている者 ・　(6)の行動規範やガイドライン等に違反した行為をしたと認められる者	「代表役員等」とは、法人の代表権を有する役員若しくは個人事業主とする。 「一般役員等」とは、法人の役員、支配人又はその支店若しくは営業所を代表する者とする。 「その他……（略）……相当の理由がある者」については、破産手続開始の決定を受けて復権を得ない者や暴力団員による不当な行為の防止等に関する法律第32条第1項各号に掲げる者等が考えられる。

	・ その他森林の経営管理を適切に行うことができない又は森林の経営管理に関し不正若しくは不誠実な行為をするおそれがあると認めるに足りる相当の理由がある者	
(9)常勤役員の設置	法人においては常勤の役員を設置していること。 ただし、常勤の役員を設置していない法人については、森林経営管理法の施行日から起算して３年を経過した日以後最初に招集される総会等の時までに設置するよう取り組む場合には、常勤の役員が設置されているものとして扱う。	

２．経営管理を確実に行うに足りる経理的な基礎を有すると認められること

次の２つの両方を満たしていること。

(1) 直近の事業年度における貸借対照表、損益計算書又はこれらに類する書類に記載された経理状況が良好であること。

(2) 経営管理実施権の設定を受ける森林の経営管理に関する経理を他と分離できること。

（説明）

「経理状況が良好であること」とは、以下のとおりとする。

・ 法人の場合、直近の事業年度の自己資本比率が０％未満でないこと（債務超過でないこと）及び経常利益金額等（損益計算書上の経常利益の金額に当該損益計算書上の減価償却費の額を加えて得た額）が直近３年間において全てマイナスという状態になっていないこと。

・ 個人の場合、直近の事業年度の資産状況において負債が資産を上回っていないこと及び直近３年間の所得税の納税状況がすべてゼロとはなっていないこと。

・ これらを満たさない場合、中小企業診断士又は公認会計士の経営診断書を申請書に添付する等今後５年以内に健全な経営の軌道に乗ることが証明できること。

索引

逐条解説　森林経営管理法

2020年５月21日　第１版第１刷発行

編　著　　森林経営管理法研究会

発行者　　箕　浦　文　夫
発行所　　株式会社大成出版社
東京都世田谷区羽根木１―７―11
〒156-0042　電話03(3321)4131(代)
https://www.taisei-shuppan.co.jp/

印刷　亜細亜印刷

ISBN978-4-8028-3388-2